まえがき

　大学で文系の講義科目を担当していると，「数学は高校であまり習っていない」とか「数学は苦手だ」という声をよく聞く．「数学が苦手なので文系に進学したのに，また大学でも数学の講義があるのか」と大学に入学して初めて気づく学生もいる．数学は大学の他の講義科目・演習科目でも必要な場合もあるが，それらの講義科目・演習科目をすべて避けて通ったとしても，社会への入り口である公務員試験や就職試験の適正検査である SPI 等でもやはり必要になり，とにかく避けては通れない．また，社会に出ていざ活動をしようとすると，そこで出くわす様々な社会現象を理解するためには，現象そのものの理解や現象の分析には数学が必要であることは明らかである．

　本書では経済学部や経営学部などの社会科学を学ぶのに必要な数学の知識を説明する．経済学部と経営学部においては，学部として目指すところは多少違うのであるが，基本は同じ社会科学であり，学習する数学は大きく変わらない．また，先に述べたように，公務員試験や就職試験の SPI 等で必要な数学を意識し，それらの内容も盛り込んだのが本書の特徴でもある．本書の内容ですべての試験範囲が網羅されているわけではないが，本書を学習して，公務員試験や SPI で有利な立場に立つことができるようになることを望む．

　高校の数学は非常に豊富な内容であるが，それをすべて学習するのではなく，特に文系コースを進んできた人は高校の早い段階で数学から離れることになり，大学に入学した時点では高校数学で配当された多くの単元を学習していない，あるいは学習したが忘れてしまっている状況であることが多い．そこで

本書では，そのような学生のために，基礎から学ぶことも想定し，あるいは以前に習ったことの復習も想定して説明している．ただし，時間的な制限もあるので，早く理解できるように要点を説明するなど工夫をしている．

　本書の構成としては，第3章までが半年2単位の内容，第4章と第5章で後の半年2単位の内容となっている．数学は講義を聞いただけでは身につかず，問題演習を繰り返して身につけるのである．他の科目とは違って知識を覚えることが主ではなく，覚えたことをいろいろな問題に活用することが大切である．また，各章末にその内容に関連する公務員試験や就職試験のSPI等の問題を演習として載せている．本文の内容を理解して章末問題で力をつけて公務員試験や就職試験に臨んで欲しい．

　本書は数学が得意でない学生のために，少しでも理解を進めるためにはどうすれば良いかが発端である．さらに，どうせ学習するなら，就職のときにも役に立つ方が，学生の学習しようとする動機を与えられるのではないかと考え執筆を思い立った．第1章と第4章の執筆は塩出，第2章と第3章は上野，第5章は柴田が担当し，各章末の演習問題は長年公務員試験の数的処理問題対策を担当してきた中村が担当した．

　本書の製作にあたり，共立出版の寿日出男氏に相談したところ本書の出版に辿り着いたものであり，深く感謝したい．また，校正等でお世話になりました中川暢子氏にも感謝したい．

2017年1月

塩出省吾

目　　次

まえがき	**iii**
第 1 章　数と式	**1**
1.1　数の概念 ………………………………………	*1*
1.2　整式と分数式 …………………………………	*3*
1.3　2 次方程式と 2 次不等式 ……………………	*4*
1.3.1　2 次方程式 …………………………	*4*
1.3.2　2 次不等式 …………………………	*8*
章末問題 ……………………………………………	*10*
第 2 章　数列と級数	**17**
2.1　数列とは ………………………………………	*17*
2.2　等差数列 ………………………………………	*19*
2.2.1　等差数列とは ………………………	*19*
2.2.2　等差数列の一般項 …………………	*19*
2.2.3　等差数列の和 ………………………	*20*
2.3　等比数列 ………………………………………	*21*
2.3.1　等比数列とは ………………………	*21*
2.3.2　等比数列の一般項 …………………	*21*
2.3.3　等比数列の和 ………………………	*22*

vi 目　次

2.4	等比数列の応用—積立預金—	24
2.5	無限級数とは	26
	2.5.1 無限級数の部分和	27
	2.5.2 無限等比級数の和	28
	2.5.3 無限数列の極限	29
2.6	無限等比級数の応用—政府購入乗数と租税乗数—	31
	2.6.1 計画支出	31
	2.6.2 均衡所得	32
	2.6.3 財政政策と政府購入乗数	32
2.7	階差数列	34
	2.7.1 階差数列とは	34
	2.7.2 階差数列を使った元の数列の一般項	35
章末問題		37

第3章　さまざまな関数　　41

3.1	関数とは	41
3.2	1次関数	42
	3.2.1 1次関数とは	42
	3.2.2 1次関数のグラフの移動と回転	44
3.3	逆関数と合成関数	45
	3.3.1 逆関数	45
	3.3.2 合成関数	46
3.4	2次関数	47
	3.4.1 2次関数とグラフ	47
	3.4.2 2次関数と2次方程式	49
3.5	分数関数	51
	3.5.1 分数関数とは	51
	3.5.2 分数関数の漸近線とグラフ	53
3.6	無理関数	54
3.7	指数関数	57

目　　次　　*vii*

3.7.1	累乗と指数	*57*
3.7.2	指数法則	*57*
3.7.3	指数関数とグラフ	*58*

3.8　対数関数 …………………………………………… *59*

3.8.1	対数	*59*
3.8.2	対数の基本性質	*60*
3.8.3	対数関数とグラフ	*61*

3.9　三角関数 …………………………………………… *62*

3.9.1	直角三角形の角度と辺の関係	*62*
3.9.2	三角関数とは	*62*
3.9.3	代表的な三角関数の値	*63*
3.9.4	三角関数における重要な公式	*64*

3.10　多変数関数 ………………………………………… *66*

章末問題 …………………………………………………… *67*

第4章　微分法と積分法　**73**

4.1　関数の極限 ………………………………………… *73*

4.2　微分法の基礎 ……………………………………… *75*

4.2.1	微分係数と導関数	*75*
4.2.2	微分法の公式	*77*
4.2.3	基本関数の導関数	*80*
4.2.4	高次導関数	*82*

4.3　微分法の応用 ……………………………………… *83*

4.3.1	接線と法線	*83*
4.3.2	関数の増減と極大・極小	*84*

4.4　積分法の基礎 ……………………………………… *87*

4.4.1	不定積分	*87*
4.4.2	定積分	*90*

4.5　積分法の応用 ……………………………………… *95*

4.5.1	面積と体積	*95*

viii　目　次

　　　　4.5.2　広義の積分 ……………………………………… *96*
　4.6　偏微分法 ……………………………………………… *97*
　章末問題 …………………………………………………… *100*

第5章　ベクトルと行列　　105

　5.1　ベクトルとその演算 ………………………………… *105*
　5.2　行列とその演算 ……………………………………… *111*
　5.3　行列式と連立方程式 ………………………………… *120*
　5.4　固有値と固有ベクトル ……………………………… *128*
　5.5　Cayley-Hamilton の定理 …………………………… *132*
　5.6　線形変換の幾何学 …………………………………… *135*
　章末問題 …………………………………………………… *137*

問の解答　　141

章末問題の解答　　147

索　引　　175

第1章

数と式

　この章では本書のすべての基本である数と式について学ぶ．数の概念では自然数から始まって実数や複素数に拡張し，加法，減法，乗法，除法という四則演算との関連も含めて説明する．

1.1　数の概念

　数の概念は人類の歴史とともに拡張されてきた．最も基本的なものは，個数や順番を表す**自然数**である．ものを数えるときに，イチ，ニ，サン，シ，……と指折りしながら数えて，自然数 1, 2, 3, 4, ……と対応させる．この自然数に加法（足し算），減法（引き算），乗法（掛け算），除法（割り算）の四則演算をからめて数の概念を拡張する．自然数の足し算や掛け算の結果はもちろん自然数なので拡張する必要はないが，引き算を行うと，$3-3$ の結果や $2-3$ の結果は自然数では表現できないことになる．そこで，ゼロ（0）や自然数と対応する負の数 -1, -2, -3, -4, ……を加えることによって，自然数の引き算の結果をすべて表現することができるようになる．自然数にこれらの数を加えたものが**整数**である．すなわち，整数は正の整数（すなわち自然数)，ゼロ，負の整数からなるものである．

　次に，割り算の結果がこの整数ですべて表現できるかというと，例えば 5 個のりんごを 4 人で等しく分けるというような場合は整数では答えが得られないので，整数の分数（ただし，分母はゼロでない）で表現する**有理数**が必要

2　第1章　数と式

になる．分子が分母の整数倍である場合は整数と同じであるので，有理数は整数の拡張である．整数が有理数に拡張されることで四則演算の結果がすべて有理数の中で納まることになる．有理数は

$$\frac{3}{8} = 0.375 \qquad -\frac{7}{25} = -0.28$$

のような有限小数と

$$\frac{8}{11} = 0.\dot{7}\dot{2} = 0.7272727\ldots\ldots$$

のような循環小数に分かれる．

　有理数でない数，すなわち整数の分数で表現できない数を**無理数**という．例えば，平方根 $\sqrt{2}$ は整数の分数，すなわち有理数では表せないので無理数である．その他，円周率 π なども無理数である．**実数**は無理数と有理数からなる．実数の四則演算の結果はもちろん実数であるから実数は有理数の拡張である．

　さらに，2乗すると1になる数は1と -1 であるが，これらは実数である．しかし，2乗すると -1 になる数は実数の中にはなく，i と $-i$ という**虚数単位** i を用いて表現される．この虚数単位を用いると a, b を実数として $a + ib$ という2つの要素 a, b を組み合わせた数ができる．これが**複素数**である．複素数は $b = 0$ の場合は実数 a となるから実数も含んでいることになる．すなわち，

$$\text{複素数 } a + ib = \begin{cases} \text{実数} & a & (a \neq 0,\, b = 0) \\ \text{虚数} & a + ib & (a \neq 0,\, b \neq 0) \\ \text{純虚数} & ib & (a = 0,\, b \neq 0) \end{cases}$$

である．複素数 $z = a + ib$ に対して a を複素数 z の実部，b を虚部という．z の虚部の符号が異なる複素数 $a - ib$ を z の共役な複素数といい $\bar{z}$ で表す．複素数の四則演算は

Ⅰ	加法	$(a + ib) + (c + id) = (a + c) + i(b + d)$
Ⅱ	減法	$(a + ib) - (c + id) = (a - c) + i(b - d)$
Ⅲ	乗法	$(a + ib) \times (c + id) = (ac - bd) + i(ad + bc)$
Ⅳ	除法	$c + id \neq 0$ のとき

$$\frac{a+ib}{c+id} = \frac{(a+ib)(c-id)}{(c+id)(c-id)} = \frac{ac+bd}{c^2+d^2} + i\frac{bc-ad}{c^2+d^2}$$

で与えられる。この演算から，複素数も四則演算の結果が複素数で与えられるので実数の拡張である。複素数は後で述べる 2 次方程式の解を表現するのに用いられる．

1.2 整式と分数式

いくつかの文字や数を掛け合わせて得られる式

$$-6, \qquad 2ab^2, \qquad -3x^2yz$$

を**単項式**といい，掛け合わせた文字の個数を**次数**といい，数の部分を**係数**という．上の場合，最初の単項式では次数は 0 で係数は -6 である．2 番目の単項式では次数は 3 で係数は 2 である．3 番目の単項式では次数は 4 で係数は -3 である．また，特定の文字に着目することもあり，3 番目の単項式 $-3x^2yz$ では x に関する単項式と考えると，次数は 2 で係数は $-3yz$ となり，x と y に関する単項式と考えると，次数は 3 で係数は $-3z$ となる．

いくつかの単項式の和で表される式を**整式**または**多項式**という．整式の次数は各項の一番高い次数になる．例えば

$$x^3y^2 - x^2y^3 + xy^6 - xy^8$$

は x と y に関しては 9 次の整式であるが，x に関しては 3 次の整式である．

例 1.1 整式 $x^3 - 3x^2y^4 + 9xy^2 + x - 2$ は x と y に関しては一番高い項は第 2 項で，x に関しては 2 次で，y に関しては 4 次の合計 6 次の整式であるが，x に関しては見ると，一番高い項は第 1 項で 3 次の整式である．

整式の四則演算において加法，減法，乗法の結果は整式で表されるが，除法は整式とは限らない．そこで整数の四則演算における除法の結果も含めるよう

4 第1章 数と式

に有理数を導入して拡張したのと同様にして，A を整式，B をゼロでない整式とするとき，

$$\frac{A}{B}$$

を**分数式**または**有理式**という．分数式は整式も含むので整式を拡張したものである．

| 例 1.2 | $x^2 - 3x + 2 = (x-1)(x-2)$

であるから

$$\frac{x^2 - 3x + 2}{x - 2} = x - 1$$

となり，整式で表すことができる．

次に，$3x^3 + 2x^2 - x + 1$ を $x^2 + x - 2$ で割ることを考える．

$$3x^3 + 2x^2 - x + 1 = (x^2 + x - 2)(3x - 1) + 6x - 1$$

それゆえ，$3x^3 + 2x^2 - x + 1$ を $x^2 + x - 2$ で割ると商が $3x - 1$ で余りが $6x - 1$ である．

問 1.1 次の除法を行いなさい．

(1) $\dfrac{x^3 - x^2 + x - 1}{x + 2}$ (2) $\dfrac{3x^2 + 2x + 1}{3x - 4}$

1.3 ２次方程式と２次不等式

方程式は１つ以上の**変数**を含む等式で，変数の特定の値に対して等式が成り立つ．この等式を成り立たせる値を方程式の**解**という．

1.3.1 ２次方程式

x の２次の整式からなる方程式を２次方程式という．$a, b, c (a \neq 0)$ が実数である２次方程式 $ax^2 + bx + c = 0$ の２つの解 α, β は因数分解または解の公式

を用いて求めることができる.

> **因数分解による解法**
>
> 　2次の整式が $ax^2 + bx + c = a(x - \alpha)(x - \beta)$ と因数分解できるとする. このとき2次方程式は $ax^2 + bx + c = a(x - \alpha)(x - \beta) = 0$ となり, 2つの解 α, β を求めることができる.

例 1.3　次の2次方程式を因数分解を用いて解きなさい.

(1) $2x^2 - 5x + 3 = 0$　　(2) $3x^2 - 3x - 6 = 0$

【解】

(1) $2x^2 - 5x + 3 = (x - 1)(2x - 3) = 0$ だから, 解は 1 と 1.5 である.

(2) $3x^2 - 3x - 6 = 3(x + 1)(x - 2) = 0$ だから, 解は -1 と 2 である.

問 1.2　次の2次方程式を因数分解を用いて解きなさい.

(1) $4x^2 - 12x + 5 = 0$　　(2) $5x^2 - 3x - 2 = 0$

解の公式による解法

うまく因数分解ができない場合は解の公式を用いて解くことができる.

> **解の公式**
>
> 　2次方程式
> $$ax^2 + bx + c = 0 \ (a \neq 0)$$
> の解は
> $$x = \frac{-b \pm \sqrt{b^2 - 4ac}}{2a}$$
> である.

　上の公式で

$$D = b^2 - 4ac$$

6   第1章　数と式

をその方程式の**判別式**という.

---

① $D > 0$ のとき

2次方程式の解は次の2つの異なる実数解である.

$$x = \frac{-b + \sqrt{b^2 - 4ac}}{2a} \text{ および } x = \frac{-b - \sqrt{b^2 - 4ac}}{2a}$$

② $D = 0$ のとき

$\sqrt{b^2 - 4ac} = 0$ であるから, 2次方程式の2つの実数解は同じ値（重解）になる.

$$x = -\frac{b}{2a}$$

③ $D < 0$ のとき

$D = b^2 - 4ac < 0$ なので, 虚数単位 $i = \sqrt{-1}$ を用いて $\sqrt{b^2 - 4ac} = \sqrt{-1}\sqrt{4ac - b^2} = i\sqrt{4ac - b^2}$ は虚数であるから, 2次方程式の解は次の2つの異なる虚数解である.

$$x = \frac{-b + i\sqrt{4ac - b^2}}{2a} \text{ および } x = \frac{-b - i\sqrt{4ac - b^2}}{2a}$$

この2つの虚数解は虚部の符号が異なるだけで互いに共役な複素数である.

2次方程式の係数が整数で $D > 0$ のときに, 解法として因数分解を用いるのか解の公式を用いるのかは, D が平方数になっているかによる. 平方数なら平方根が整数なので因数分解ができることになる.

例 1.4　次の2次方程式を解の公式を用いて解きなさい.

(1) $2x^2 - x - 4 = 0$　　(2) $4x^2 - 12x + 9 = 0$　　(3) $x^2 - x + 2 = 0$

【解】

(1) $D = (-1)^2 - 4 \times 2 \times (-4) = 33 > 0$ だから2次方程式の解は2つの実数解

$$x = \frac{-(-1) + \sqrt{33}}{2 \times 2} = \frac{1 + \sqrt{33}}{4} \text{ および } x = \frac{-(-1) - \sqrt{33}}{2 \times 2} = \frac{1 - \sqrt{33}}{4}$$

である.

(2) $D = (-12)^2 - 4 \times 4 \times 9 = 144 - 144 = 0$ だから 2 次方程式の解は重解

$$x = \frac{-(-12)}{2 \times 4} = \frac{3}{2}$$

である.

(3) $D = (-1)^2 - 4 \times 1 \times 2 = -7 < 0$ だから 2 次方程式の解は 2 つの互いに共役な虚数解

$$x = \frac{-(-1) + \sqrt{-7}}{2 \times 1} = \frac{1 + i\sqrt{7}}{2} \quad \text{および} \quad x = \frac{-(-1) - \sqrt{-7}}{2 \times 1} = \frac{1 - i\sqrt{7}}{2}$$

である.

問 1.3 次の 2 次方程式を解の公式を用いて解きなさい.

(1) $3x^2 - 2x - 2 = 0$ (2) $2x^2 - 5x + 4 = 0$

解と係数の関係

係数が実数の 2 次方程式

$$ax^2 + bx + c = 0$$

の 2 つの解を α, β とすると,解と係数の関係として

$$\alpha + \beta = -\frac{b}{a} \quad \text{と} \quad \alpha\beta = \frac{c}{a}$$

が成り立ち,

$$ax^2 + bx + c = a(x - \alpha)(x - \beta)$$

と因数分解される.

例 1.5 2 次方程式 $x^2 + 3x + 4 = 0$ の 2 つの解を α, β とするとき,α^2, β^2 を 2 つの解とする 2 次方程式 $x^2 + px + q = 0$ の係数 p, q の値を求めよ.

【解】 解と係数の関係から $\alpha + \beta = -3$ および $\alpha\beta = 4$ である.また,

8   第1章　数と式

$$x^2 + px + q = (x - \alpha^2)(x - \beta^2) = 0$$

より

$$p = -(\alpha^2 + \beta^2) = -(\alpha + \beta)^2 + 2\alpha\beta = -(-3)^2 + 2 \times 4 = -1$$
$$q = \alpha^2\beta^2 = (\alpha\beta)^2 = (4)^2 = 16$$

である.

問 1.4　2次方程式 $2x^2 - x - 4 = 0$ の2つの解を α, β とするとき，$2\alpha - 1, 2\beta - 1$ を2つの解とする2次方程式を求めよ.

1.3.2　2次不等式

2次方程式 $ax^2 + bx + c = 0$ に対して，2次不等式は

$$ax^2 + bx + c > 0$$
$$ax^2 + bx + c \geq 0$$
$$ax^2 + bx + c < 0$$
$$ax^2 + bx + c \leq 0$$

の4通りの表現がある. 不等式 $ax^2 + bx + c \geq 0$ を満たす解は不等式 $ax^2 + bx + c > 0$ を満たす解と方程式 $ax^2 + bx + c = 0$ を満たす解である.

$a > 0$ の場合で，$D > 0$ のとき方程式 $ax^2 + bx + c = 0$ の2つの解を α, β （ただし $\alpha \leq \beta$）とすると，$ax^2 + bx + c = a(x - \alpha)(x - \beta)$ となり，2つの数 $(x - \alpha), (x - \beta)$ の掛け算になる. 同符号（正と正または負と負）の掛け算は正になり，異符号（正と負）の掛け算は負となるので，2次不等式の解は

(i) $ax^2 + bx + c > 0$ なら $x < \alpha,\ \beta < x$ である.

(ii) $ax^2 + bx + c \geq 0$ なら $x \leq \alpha,\ \beta \leq x$ である.

(iii) $ax^2 + bx + c < 0$ なら $\alpha < x < \beta$ である.

(iv) $ax^2 + bx + c \leq 0$ なら $\alpha \leq x \leq \beta$ である.

1.3 2次方程式と2次不等式　　*9*

$D = 0$ のときは，$ax^2 + bx + c = a(x - \alpha)^2$ はすべての実数 x に対して正の値またはゼロになる．$D < 0$ のときは，整式 $ax^2 + bx + c$ はすべての実数 x に対して正の値になる．

これらをまとめると，判別式の値に応じて表 1.1 のように求められる．

表 1.1　判別式の値と 2 次不等式の解

	$D > 0$	$D = 0$	$D < 0$
$ax^2 + bx + c > 0$	$x < \alpha,\ \beta < x$	$x < \alpha,\ \alpha < x$	$-\infty < x < \infty$
$ax^2 + bx + c \geq 0$	$x \leq \alpha,\ \beta \leq x$	$-\infty < x < \infty$	$-\infty < x < \infty$
$ax^2 + bx + c < 0$	$\alpha < x < \beta$	―（解なし）	―（解なし）
$ax^2 + bx + c \leq 0$	$\alpha \leq x \leq \beta$	$x = \alpha$	―（解なし）

例 1.6　次の 2 次不等式を解きなさい．
(1) $2x^2 - 3x + 1 > 0$　　(2) $x^2 + 2x - 2 \leq 0$　　(3) $-x^2 + 4x - 4 \geq 0$

【解】

(1) $D = 3^2 - 4 \times 2 \times 1 = 1 > 0$ で，因数分解すると $2x^2 - 3x + 1 = (2x - 1)(x - 1)$．したがって 2 次方程式の解は $x = \dfrac{1}{2},\ 1$ である．よって，不等式 $2x^2 - 3x + 1 > 0$ の解は $x < \dfrac{1}{2},\ 1 < x$ である．

(2) $D = 2^2 - 4 \times 1 \times (-2) = 12 > 0$ で，因数分解できないので解の公式を用いて 2 次方程式の解は $x = -1 - \sqrt{3},\ -1 + \sqrt{3}$ となる．よって，不等式 $x^2 + 2x - 2 \leq 0$ の解は $-1 - \sqrt{3} \leq x \leq -1 + \sqrt{3}$ である．

(3) x^2 の係数が負であるので両辺に -1 をかけて $x^2 - 4x + 4 \leq 0$ と x^2 の係数を正とする．ここで，$D = 4^2 - 4 \times 1 \times 4 = 0$ で，因数分解すると $x^2 - 4x + 4 = (x - 2)^2 \leq 0$ となり，解は $x = 2$ のみとなる．

問 1.5　次の 2 次不等式を解きなさい．
(1) $2x^2 + 3x > 0$　　(2) $-x^2 + 4x - 3 \geq 0$

10 第1章 数と式

第1章 章末問題

$\boxed{1.1}$

$X = \dfrac{\sqrt{11} + \sqrt{7}}{2}$, $Y = \dfrac{\sqrt{11} - \sqrt{7}}{2}$ のとき $X^4 + Y^4 + 2X^2Y^2$ はいくつか.

1 49

2 54

3 64

4 81

5 100

[東京消防庁・平成 16 年]

$\boxed{1.2}$

自然数 N について【N】$= 2N + 3$, 《N》$= 3N - 1$ であるとすると, $100 \leqq$ 《【N】$+ 1$》$\leqq 200$ となる自然数 N の個数として正しいのはどれか.

1 14

2 15

3 16

4 17

5 18

[地方初級・平成 18 年]

$\boxed{1.3}$

$\sqrt{10800 \div m}$ が整数となるような自然数 m は, 全部で何個か.

1 10 個

2 11 個

3 12 個

4 13 個

5 14 個

[特別区Ⅰ・平成 22 年]

章末問題　*11*

$\boxed{1.4}$

　最大公約数が 14 で最小公倍数が 420 である 2 数 A, B について，$A + B =$ 182 のとき，$A - B$ の値はいくらか．ただし，$A > B$ とする．

1　74

2　86

3　98

4　110

5　124

$\boxed{1.5}$

　6 桁の整数 9 $\boxed{A}$ 36 $\boxed{B}$ 8 が，4 の倍数で，かつ 3 の倍数になるとき，A, B に入る数字の組合せは全部で何通りか．

1　12 通り

2　16 通り

3　20 通り

4　24 通り

5　28 通り

［法務教官・平成 15 年］

$\boxed{1.6}$

　$\dfrac{28}{27}$ を掛けても，$\dfrac{238}{54}$ を掛けても，その結果が自然数となるような分数について，これらの分数のうちで最小となるものの分子と分母の和はいくつになるか．

1　68

2　69

3　70

4　71

5　72

［警察官・平成 11 年］

12   第1章　数と式

1.7

15120 の約数の個数はいくらか.

1　40

2　50

3　60

4　70

5　80

［地方上級・平成 12 年］

1.8

p, q を異なる素数とするとき，p と q の積である pq のすべての約数の和が $2pq$ となる．このとき，整数 pq に最も近いものは，次のうちどれか.

1　5

2　10

3　15

4　20

5　25

［裁判所事務官・平成 15 年］

1.9

5 で割ると 4 余り 6 で割ると 5 余り，7 で割ると 6 余る最小の自然数の各ケタの数の和はいくつか.

1　11

2　12

3　13

4　14

5　15

［国家II種・平成 8 年］

章末問題　*13*

1.10

6 で割ると 4 余り，8 で割ると 4 余るような自然数のうち，1000 以下のものは何個あるか．

1　38 個

2　39 個

3　40 個

4　41 個

5　42 個

1.11

ある正の整数は 5 で割ると 2 余り，7 で割ると 3 余る．このとき，その整数を 35 で割ったときの余りは次のうちどれか．

1　2

2　12

3　17

4　22

5　32

［裁判所事務官・平成 15 年］

1.12

箱の中にボールが入っている．このボールを 2 個ずつ袋に入れると 1 個余り，3 個ずつ袋に入れると 2 個余る．同様に，5 個ずつ，7 個ずつ，8 個ずつ袋に入れた場合は，それぞれ 3 個，6 個，7 個の余りが出る．このとき，箱の中にあるボールの個数は，次のどの範囲にあるか．

ただし，ボールの個数は 1,000 個以下である．

1　1〜200 個

2　201〜400 個

3　401〜600 個

4　601〜800 個

5　801〜1,000 個

14   第 1 章　数と式

1.13

　ある 2 桁の数を 5 で割ると 2 余り，10 の位と 1 の位を入れ替えた数字はもとの数の 3 倍よりも 38 少ない数字になる．この 10 の位の数字と 1 の位の数字をたすといくらになるか．

1　9

2　10

3　11

4　12

5　13

1.14

　A，B の 2 人がそれぞれ黒と白の碁石を持っている．これについて次のことがわかっているとき，B が持っている黒と白の碁石の個数の差として，正しいのはどれか．

　　ア　A は白い碁石を 7 個持っている．

　　イ　B が持っている黒い碁石の数は，A が持っている黒い碁石の数の 2
　　　　倍以上である．

　　ウ　A が持っている黒い碁石と，B が持っている黒い碁石の数の合計は
　　　　11 個である．

　　エ　B が持っている碁石の合計数は，A が持っている碁石の合計数より
　　　　少ない．

1　4 個

2　5 個

3　6 個

4　7 個

5　8 個

［警察官・平成 23 年］

1.15

　夜中に分裂し，朝には個体数がもとの 2 倍になる生物がいる．ある朝，こ

の生物が容器の中にいたので，昼に毎日何匹ずつ逃がすことにした．ある数ずつ逃がすと，3 日目にちょうどいなくなり，それより 10 匹多くすると，2 日目にちょうどいなくなった．この生物は何匹いたか．

1　90 匹

2　95 匹

3　100 匹

4　105 匹

5　110 匹

［地方上級・平成 18 年］

1.16

公園内にあるすべてのプランターに，購入した球根を植える方法について検討したところ，次のア〜ウのことがわかった．

ア　1 つのプランターに球根を 60 個ずつ植えると，球根は 150 個不足する．

イ　1 つのプランターに球根を 40 個ずつ植えると，球根は 430 個より多く余る．

ウ　半数のプランターに球根を 60 個ずつ植え，残りのプランターに球根を 40 個ずつ植えると球根は余り，その数は 160 個未満である．

以上から判断して，購入した球根の個数として正しいのはどれか．

1　1,590 個

2　1,650 個

3　1,710 個

4　1,770 個

5　1,830 個

［東京都Ⅰ・平成 24 年］

第2章

数列と級数

　ある規則に従って数を並べたものを**数列**という．単に**数を並べた**だけではなく，その数の間に**規則性**を持っていることが重要である．そして，このような規則性を利用して**数列の有限個の和**がどのようなになるか調べておくと便利である．この考え方は，経営・経済の分野では広く応用される．例えば，経営分野においては，毎年ごとに，一定額積み立てた時の5年後の元利合計（**積立預金**）を求めるときに用いられる．

　無限に続く数列の和を**無限級数**（あるいは，**級数**）という．経営，経済分野において，理論的な解析をするときに重要になる．例えば，マクロ経済学の分野では，政府が財政支出を行った時に所得に及ぼす効果や減税による所得に及ぼす効果等を求める場合などに用いられる．

2.1 数列とは

　数列とは，ある規則に従って数を並べたものである．いくつかの具体的な数列を示す．それぞれの数列は，さまざまな規則性を持っていることがわかる．

　数列①：1, 2, 3, 4, 5, 6, 7, 8 　　（規則性 = 隣り合う数の差が1）

　数列②：1, 3, 5, 7, 9, 11, 13, 15 　　（規則性 = 隣り合う数の差が2）

　数列③：1, 10, 100, 1000, 10000 　　（規則性 = 隣り合う数の比が10）

　数列④：1, 2, 4, 8, 16, 32, 64, 128 　　（規則性 = 隣り合う数の比が2）

　数列⑤：$r, r^2, r^3, r^4, r^5, r^6, r^7$ 　　（規則性 = 隣り合う数の比がr）

18 　第2章　数列と級数

数列⑥：1, 2, 4, 7, 11, 16, 22　　（規則性＝隣り合う数の差の数列が1,
　　　　　　　　　　　　　　　　　　　2, 3, 4, 5, 6であり，この数列の隣り
　　　　　　　　　　　　　　　　　　　合う数の差が1）

数列⑥は，一見，規則性はないと思われるが，新たにつくられた隣り合う数の差の数列1, 2, 3, 4, 5, 6に規則性があることに気づく．

隣り合う数の差が一定の数列を**等差数列**，隣り合う数の比が一定の数列を**等比数列**，隣り合う数の差からつくられる新たな数列を**階差数列**という．

一般に，数列は，$a_1, a_2, a_3, a_4, a_5, \cdots, a_n$ で表され，省略して $\{a_n\}$ と書くこともある．それぞれの数 $a_1, a_2, a_3, \cdots$ を数列の**項**という．最初の項 a_1 を第1項，第2番目の項 a_2 を第2項，第3番目の項 a_3 を第3項，第 n 番目の項 a_n を第 n 項という．特に，数列の最初の項 a_1 を**初項**ともいい，最後の項を**末項**，項の数 n を**項数**という．それでは，それぞれの数列の表現，数列の和を求めてみる．

例2.1　次の数列の規則性を見つけなさい．

(1) 2, 4, 6, 8, 10, 12　　(2) 3, 9, 27, 81, 243

(3) 3, 7, 11, 15, 19, 23

【解】

(1) 隣り合う数の差が2である．　　(2) 隣り合う数の比が3である．

(3) 隣り合う数の差が4である．

問2.1　次の数列の規則性を見つけなさい．

(1) 1, 6, 36, 216, 1296, 7776　　(2) $\dfrac{1}{3}, \dfrac{1}{3^2}, \dfrac{1}{3^3}, \dfrac{1}{3^4}$

(3) 1, 2, 5, 10, 17, 26　　(4) 0, 1, 1, 2, 3, 5, 8, 13, 21

2.2 等差数列

2.2.1 等差数列とは

等差数列とは，隣り合う数の差が等しいあるいは，加える数が一定となる数列をいう．加える一定の数を**公差**といい，d で表す．2.1 節の数列①は $d = 1$，数列②は $d = 2$ である．

2.2.2 等差数列の一般項

等差数列 $\{a_n\}$ の第 n 項（**一般項**という）を求める．

$$a_1 = a_1$$
$$a_2 = a_1 + d$$
$$a_3 = a_2 + d = a_1 + 2d$$
$$a_4 = a_3 + d = a_1 + 3d$$
$$\vdots$$
$$a_{n-1} = a_{n-2} + d = a_1 + (n-2)d$$
$$a_n = a_{n-1} + d = a_1 + (n-1)d$$

等差数列の一般項 a_n の公式

初項 a_1，公差 d の等差数列の一般項 a_n は，

$$a_n = a_1 + (n-1)d$$

である．

例 2.2 初項 3，公差 2 の等差数列について，一般項 a_n を求めなさい．

【解】 初項 $a_1 = 3$，公差 $d = 2$ より等差数列の一般項の公式を使って，$a_n = 3 + 2(n-1) = 2n + 1$

問 2.2 次の問いに答えなさい．

20   第2章　数列と級数

(1) 初項 4，公差 3 の等差数列の一般項 a_n を求めなさい．

(2) 数列 1，5，9，13，17，21 の一般項 a_n を求めなさい．

2.2.3 等差数列の和

等差数列 $\{a_n\}$ の第 n 項までの和を求める．

数列の初項 a_1，公差 d，項数 n，末項 l とし，初項から第 n 項までの和を S_n とすると，$S_n = a_1 + a_2 + a_3 + \cdots + a_n$ であるから，$a_n = a_1 + (n-1)d$ を用いて，

$$S_n = a_1 + (a_1 + d) + (a_1 + 2d) + \cdots + (l - 2d) + (l - d) + l$$

と表される．項の順番を逆に並べ替えた数列の和 S_n を考えると，

$$S_n = l + (l - d) + (l - 2d) + \cdots + (a_1 + 2d) + (a_1 + d) + a_1$$

これらの 2 つの式を辺々加えると，

$$
\begin{array}{r}
S_n = a_1 + (a_1 + d) + (a_1 + 2d) + \cdots + (l - 2d) + (l - d) + l \\
+)\quad S_n = l + (l - d) + (l - 2d) + \cdots + (a_1 + 2d) + (a_1 + d) + a_1 \\
\hline
2S_n = (a_1 + l) + (a_1 + l) + (a_1 + l) + \cdots + (a_1 + l) + (a_1 + l) + (a_1 + l)
\end{array}
$$

よって，$2S_n = n(a_1 + l)$ より，

$$S_n = \frac{n(a_1 + l)}{2}$$

また，2.2.2 節の等差数列の一般項 a_n の公式より，第 n 項（末項 l）は，$l = a_n = a_1 + (n-1)d$ と書けるので，次の公式が成り立つ．

等差数列の和の公式

初項 a_1，公差 d，項数 n，末項 l の等差数列の初項から第 n 項までの和 S_n は，

（末項 l がわかっている場合）$S_n = \dfrac{n(a_1 + l)}{2}$

2.3 等比数列 21

（末項 l がわかっていない場合）$S_n = \dfrac{n}{2}\{2a_1 + (n-1)d\}$

例 2.3 次の問いに答えなさい.

(1) 1, 2, 3, 4, 5, 6, 7, 8 の和を求めなさい.

(2) 1, 3, 5, 7, 9, 11, 13, 15 の和を求めなさい.

【解】 (1) 初項 $a_1 = 1$, 公差 $d = 1$, 項数 $n = 8$, 末項 $l = 8$ より, 等差数列の和の公式を使って, $S_n = \dfrac{8(1+8)}{2} = 36$

(2) 初項 $a_1 = 1$, 公差 $d = 2$, 項数 $n = 8$, 末項 $l = 15$ より, 等差数列の和の公式を使って, $S_n = \dfrac{8(1+15)}{2} = 64$

問 2.3 次の問いに答えなさい.

(1) 初項 4, 公差 2 の等差数列の第 n 項までの和を求めなさい.

(2) 1, 5, 9, 13, 17, 21 の第 10 項までの和を求めなさい.

(3) 1, 7, 13, 19, 25, 31 ・・・ の第 n 項までの和を求めなさい.

2.3 等比数列

2.3.1 等比数列とは

等比数列とは, 隣り合う数の比が等しいあるいは, 掛ける数が一定となる数列をいう. 掛ける一定の数を**公比**といい, r で表す. 2.1 節の数列③は $r = 10$, 数列④は $r = 2$, 数列⑤の公比は r である.

2.3.2 等比数列の一般項

等比数列 $\{a_n\}$ の第 n 項（一般項という）を求める.

22   第 2 章　数列と級数

$$a_1 = a_1$$
$$a_2 = a_1 r$$
$$a_3 = a_2 r = a_1 r^2$$
$$a_4 = a_3 r = a_1 r^3$$
$$\vdots$$
$$a_{n-1} = a_{n-2} r = a_1 r^{n-2}$$
$$a_n = a_{n-1} r = a_1 r^{n-1}$$

等比数列の一般項 a_n の公式
　初項 a_1，公比 r の等比数列の一般項 a_n は，$a_n = a_1 r^{n-1}$ である.

例 2.4　初項 3，公比 2 の等比数列について，一般項 a_n を求めなさい.
【解】　初項 $a_1 = 3$，公比 $r = 2$ の等比数列の一般項の公式を使って，$a_n = 3 \times 2^{n-1}$

問 2.4　(1) 初項 4，公比 6 の等比数列について，一般項 a_n を求めなさい.
(2) 数列 1, 4, 16, 64, 256, 1024 の一般項 a_n を求めなさい.
(3) $\dfrac{1}{3}$, $\dfrac{1}{3^2}$, $\dfrac{1}{3^3}$, $\dfrac{1}{3^4}$ の一般項 a_n を求めなさい.

2.3.3　等比数列の和

　等比数列 $\{a_n\}$ の第 n 項までの和を求める.

　数列の初項 a_1，公比 r，項数 n としたとき，初項から第 n 項までの和を S_n とする. $S_n = a_1 + a_2 + a_3 + \cdots + a_n$ であるから，$a_n = a_1 r^{n-1}$ を用いて，

$$S_n = a_1 + a_1 r + a_1 r^2 + \cdots + a_1 r^{n-2} + a_1 r^{n-1}$$

である. 辺々を r 倍すると，

2.3 等比数列 23

$$rS_n = a_1r + a_1r^2 + \cdots + a_1r^{n-2} + a_1r^{n-1} + a_1r^n$$

これらの 2 つの式の差をとると,

$$
\begin{aligned}
S_n &= a_1 + a_1r + a_1r^2 + \cdots + a_1r^{n-2} + a_1r^{n-1} \\
-)\quad rS_n &= a_1r + a_1r^2 + \cdots + a_1r^{n-2} + a_1r^{n-1} + a_1r^n \\
\hline
S_n - rS_n &= a_1 \phantom{+ a_1r + a_1r^2 + \cdots + a_1r^{n-2} + a_1r^{n-1}} - a_1r^n
\end{aligned}
$$

となり,これより,

$$S_n = \frac{a_1(1-r^n)}{1-r} \quad (r \neq 1)$$

等比数列の和の公式

　初項 a_1,公比 r,項数 n の等比数列の初項から第 n 項までの和 S_n は,

$$S_n = \frac{a_1(1-r^n)}{1-r} \quad (r \neq 1)$$

例 2.5　(1) 数列 1, 4, 16, 64, 256, 1024 の和を求めなさい.
(2) 初項 3,公比 2 の等比数列の第 n 項までの和を求めなさい.

【解】　(1) 初項 $a_1 = 1$,公比 $r = 4$,項数 $n = 6$ より等比数列の和の公式を使って,$S_n = \dfrac{1 \times (1 - 4^6)}{1 - 4} = \dfrac{4^6 - 1}{3} = 1365$

(2) 初項 $a_1 = 3$,公比 $r = 2$ より,等比数列の和の公式を使って,

$$S_n = \frac{3(1 - 2^n)}{1 - 2} = 3(2^n - 1)$$

問 2.5　(1) 初項 4,公比 2 の等比数列の第 8 項までの和を求めなさい.
(2) 数列 1, 4, 16, 64, 256, 1024 の第 n 項までの和を求めなさい.
(3) $\dfrac{1}{3}$, $\dfrac{1}{3^2}$, $\dfrac{1}{3^3}$, $\dfrac{1}{3^4}$ の第 n 項までの和を求めなさい.
(4) 初項 100,公比 1.05 の等比数列の第 5 項までの和を求めなさい.
ただし,$(1.05)^5 = 1.276281$ とし,小数点以下は四捨五入するものとする.

24   第2章　数列と級数

2.4　等比数列の応用─積立預金─

2つの預金の仕方がある．どちらも5年後の元利合計を求めるものである．通常預金は，1年目の年初 に一定額を預ける場合であるのに対して，積立預金は，毎年の年初 に一定額を預ける場合である．

（通常預金）　年利率5%，1年ごとの複利で，1年目の年初 に200万円を預金した時の5年後の元利合計を求めなさい．ただし，$(1.05)^5 = 1.276281$ とし，円未満は四捨五入するものとする．

（積立預金）　年利率5%，1年ごとの複利で，毎年の年初 に200万円ずつ積み立てた時の5年後の元利合計を求めなさい．ただし，$(1.05)^5 = 1.276281$ とし，円未満は四捨五入するものとする．

通常預金の場合の5年後の預金残高は，図2.1 より，

$$2000000 \times (1 + 0.05)^5 = 2000000 \times 1.276281 = 2552562 \text{円}$$

積立預金の場合には，図2.2 より，

1年目に預けた預金の5年後の残高は，$2000000 \times (1 + 0.05)^5$

2年目に預けた預金の5年後の残高は，$2000000 \times (1 + 0.05)^4$

3年目に預けた預金の5年後の残高は，$2000000 \times (1 + 0.05)^3$

4年目に預けた預金の5年後の残高は，$2000000 \times (1 + 0.05)^2$

5年目に預けた預金の5年後の残高は，$2000000 \times (1 + 0.05)$

であるから，これらの合計をとって，積立預金の場合の5年後の預金残高は，

$$2000000 \times (1 + 0.05)^5 + 2000000 \times (1 + 0.05)^4 + 2000000 \times (1 + 0.05)^3$$
$$+ 2000000 \times (1 + 0.005)^2 + 2000000 \times (1 + 0.05)$$

順序を逆にすると，

$$2000000 \times (1 + 0.05) + 2000000 \times (1 + 0.05)^2 + 2000000 \times (1 + 0.05)^3$$
$$+ 2000000 \times (1 + 0.005)^4 + 2000000 \times (1 + 0.05)^5$$

となる．これは，公比1.05，初項 $2000000 \times (1 + 0.05)$ の等比数列の5項目までの和である．すなわち，

2.4 等比数列の応用—積立預金— 25

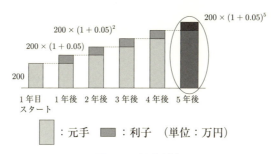

図 2.1 通常預金

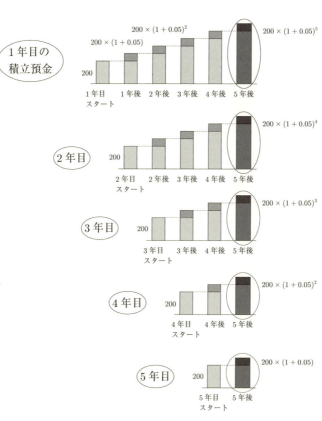

図 2.2 積立預金

26　第 2 章　数列と級数

初項 $a_1 = 2000000 \times (1 + 0.05)$

公比 $r = 1 + 0.05 = 1.05$

項数 $n = 5$

として，等比数列の和の公式を用いて，

$$S_5 = \frac{2000000 \times 1.05 \times (1 - 1.05^5)}{1 - 1.05} = 11603802$$

となる．よって，積立預金の場合の 5 年後の預金残高は，$S_5 = 11603802$ 円である．

例 2.6 （通常預金）年利率 1%，1 年ごとの複利で，年初に 100 万円を預金した時の 5 年後の元利合計を求めなさい．ただし，$(1.01)^5 = 1.051010$ とし，円未満は四捨五入するものとする．

【解】年初の預金額は 100 万円で，1 年ごとの複利である．5 年後の元利合計は，

$$1000000 \times (1 + 0.01)^5 = 1000000 \times 1.051010 = 1051010 \text{ 円}$$

となる．

問 2.6 （積立預金）年利率 5%，1 年ごとの複利で，毎年の年初に 100 万円ずつ積み立てた時の 6 年後の元利合計を求めなさい．ただし，$(1.05)^6 = 1.340095$ とし，円未満は四捨五入するものとする．

2.5　無限級数とは

無限数列は，無限個の数の並びであり，現実にはすべてを書き表せないので，数列の持つ規則性は続くという前提で記号「$\cdots$（・が 3 つ）」と書き，無限に続くことを表す．

無限級数（あるいは，級数）とは，無限に続く数列の和を表す．この場合も現実にはすべてを書き表せないので，数列の持つ規則性は続くという前提で記号「$+\cdots$」と書いて，加算が無限に続くことを表す．

2.5 無限級数とは　27

　無限級数のふるまいを考えるときには，無限個の一部分 (通常，第 1 項から第 n 項まで) の部分的な和 (**部分和**という) を求めておき，これをもとに，n が極めて大きくなったときのふるまいを調べることにしている.

　特に，等比数列の公比 r が $-1 < r < 1$ である場合には，無限数列の和は，限りなく一定の値に近づくことが知られている. この一定の値を**無限級数の和**と呼ぶ. それぞれの術語の例を示す.

　　無限数列：1, 3, 5, 7, 9, 11, 13, 15, $\cdots$

　　無限級数 (級数)：$1 + 3 + 5 + 7 + 9 + 11 + 13 + 15 + \cdots$

　　n 項までの部分和：$1 + 3 + 5 + 7 + 9 + 11 + \cdots + (n-1) + n$

　　無限級数の和：$\dfrac{1}{2} + \dfrac{1}{2^2} + \dfrac{1}{2^3} + \dfrac{1}{2^4} + \cdots + \dfrac{1}{2^n} + \cdots = 1$

2.5.1　無限級数の部分和

　無限級数の部分和とは，無限級数の一部分の和，すなわち第 1 項から第 n 項までの和である. 代表的な無限級数の部分和 S_n を求めておき，これをもとに n が極めて大きくなる時の振る舞いを調べることができる.

① 定数 c の n 個の和　$S_n = c + c + c + \cdots + c = nc$

② 自然数の和　$S_n = 1 + 2 + 3 + \cdots + n = \dfrac{n(n+1)}{2}$

③ 自然数の 2 乗の和　$S_n = 1^2 + 2^2 + 3^2 + \cdots + n^2 = \dfrac{1}{6}n(n+1)(2n+1)$

④ 自然数の 3 乗の和

$$S_n = 1^3 + 2^3 + \cdots + n^3 = \frac{1}{4}n^2(n+1)^2 = \left\{\frac{1}{2}n(n+1)\right\}^2$$

⑤ 分数式の和　$S_n = \dfrac{1}{1 \times 2} + \dfrac{1}{2 \times 3} + \dfrac{1}{3 \times 4} + \cdots + \dfrac{1}{(n-1)n} + \dfrac{1}{n(n+1)}$

$$= \left(\frac{1}{1} - \frac{1}{2}\right) + \left(\frac{1}{2} - \frac{1}{3}\right) + \left(\frac{1}{3} - \frac{1}{4}\right) + \cdots + \left(\frac{1}{n} - \frac{1}{n+1}\right)$$

$$= 1 - \frac{1}{n+1} = \frac{n}{n+1}$$

例 2.7　次の数列の初項から第 n 項までの和 (部分和) を求めなさい.

　　$1 \times (1+1),\ 2 \times (2+1),\ 3 \times (3+1),\ 4 \times (4+1),\ 5 \times (5+1), \cdots$

【解】　数列の初項から第 n 項までの和は，

28　第 2 章　数列と級数

$$1^2 + 1 \times 1 + 2^2 + 2 \times 1 + 3^2 + 3 \times 1 + 4^2 + 4 \times 1 + 5^2 + 5 \times 1 + \cdots + n^2$$
$$+ n \times 1$$
$$= 1^2 + 2^2 + 3^2 + 4^2 + 5^2 + \cdots + n^2 + 1 + 2 + 3 + 4 + 5 + \cdots + n$$

と書き表され，自然数の 2 乗の和と自然数の和が組み合わされていることがわかる．無限級数の部分和の公式を使って，

$$S_n = \frac{1}{6}n(n+1)(2n+1) + \frac{n(n+1)}{2} = \frac{n(n+1)(n+2)}{3}$$

問 2.7　次の数列の初項から第 n 項までの和（部分和）を求めなさい．

$$\frac{1}{1 \times 3}, \ \frac{1}{2 \times 4}, \ \frac{1}{3 \times 5}, \ \frac{1}{4 \times 6}, \ \frac{1}{5 \times 7}, \cdots$$

2.5.2　無限等比級数の和

無限等比数列 $a_1,\ a_1 r,\ a_1 r^2,\ a_1 r^3,\ a_1 r^4,\ \cdots$ の和を求める．

初項 a_1，公比 r，項数 n の初項から第 n 項までの和 S_n は，等比数列の和の公式より，

$$S_n = \frac{a_1(1 - r^n)}{1 - r} \quad (r \neq 1)$$

である．項の番号 n を限りなく大きくしたときの S_n の振る舞いを求める．公比 r が $-1 < r < 1$ の場合には，r^n は，n が限りなく大きくなるにつれて，限りなく 0 に近づくことがわかっている．なぜなら，例えば，$r = 0.9$ のとき，$r^2 = 0.81$，$r^3 = 0.729$，$r^4 = 0.6561$，$r^5 = 0.59049$，$r^6 = 0.531441$，$\cdots$，$r^{10} = 0.34867844$，$\cdots$，$r^{20} = 0.121576654\cdots$ とどんどん減少し，限りなく 0 に近づく．したがって，S_n も限りなく一定の値に近づき，この一定の値を**無限級数の和** S と呼ぶ．

2.5 無限級数とは　29

無限等比級数の和の公式

初項 a_1，公比 r の無限等比数列の和 S は，$-1 < r < 1$ のときには，

$$S = \frac{a_1}{1-r}$$

例2.8　次の無限等比級数の和を求めなさい．

$$\frac{1}{2} + \frac{1}{2^2} + \frac{1}{2^3} + \cdots + \frac{1}{2^n} + \cdots$$

【解】 初項 $a_1 = \frac{1}{2}$，公比 $r = \frac{1}{2}$ より無限等比数列の和の公式を使って，

$$S = \frac{1}{2} \Big/ \left(1 - \frac{1}{2}\right) = 1$$

問2.8　次の無限等比級数の和を求めなさい．

(1) $\dfrac{1}{5} + \dfrac{1}{5^2} + \dfrac{1}{5^3} + \cdots + \dfrac{1}{5^n} + \cdots$

(2) $30 + 15 + 7.5 + 3.75 + 1.875 + \cdots$

2.5.3　無限数列の極限

　無限等比級数では，公比 r $(-1 < r < 1)$ の場合には，無限級数の和が存在した．これは，r^n は，n が限りなく大きくなるにつれて，限りなく一定の値 0 に近づくからである．このように，無限数列 $\{a_n\}$ において，n が限りなく大きくなるにつれて，一定の値 a に限りなく近づくとき，$\{a_n\}$ は a に**収束**するといい，a を $\{a_n\}$ の極限値または，**極限**という．これを，

$$\lim_{n \to \infty} a_n = a \quad \text{あるいは，} \quad a_n \to a \quad (n \to \infty)$$

と書き表す．収束しない無限数列 $\{a_n\}$ は**発散**するという．n が限りなく大きくなるにつれて，a_n が正（負）で限りなく大きく（小さく）なるとき，これを $\{a_n\}$ は $+\infty(-\infty)$ に発散するといい，

$$\lim_{n \to \infty} a_n = +\infty(-\infty) \quad あるいは, \quad a_n \to +\infty(-\infty) \quad (n \to \infty)$$

と書き表す. 発散する数列で, $+\infty$ にも $-\infty$ にも発散しないものは, 特に**振動する**という.

無限数列の極値に関しては, いくつかの基本的な性質（定理）がある.

① 2つの無限数列 $\{a_n\}$, $\{b_n\}$ において, k を定数としたとき,

$$\lim_{n \to \infty} a_n = a, \quad \lim_{n \to \infty} b_n = b$$

ならば,

$$\lim_{n \to \infty} k a_n = ka$$

$$\lim_{n \to \infty} (a_n \pm b_n) = a \pm b$$

$$\lim_{n \to \infty} a_n b_n = ab$$

$$\lim_{n \to \infty} \frac{a_n}{b_n} = \frac{a}{b} \quad (b_n \neq 0, \ b \neq 0)$$

$$\lim_{n \to \infty} a_n^p = a^p$$

である.

② 3つの無限数列 $\{a_n\}$, $\{b_n\}$, $\{c_n\}$ において,

$$a_n \leq c_n \leq b_n, \quad \lim_{n \to \infty} a_n = \lim_{n \to \infty} b_n = l$$

ならば,

$$\lim_{n \to \infty} c_n = l$$

である.

①は, 2つの収束する無限数列 $\{a_n\}$, $\{b_n\}$ の加減, 乗除, べき乗となる無限数列も収束し, その極値は元の数列の極値から加減, 乗除, べき乗をおこなって計算できることを示しており, ②は, 対象の無限数列 $\{c_n\}$ の極値がわ

からなくても，$\{c_n\}$ の上限 $\{b_n\}$，下限 $\{a_n\}$ の無限数列が収束し，一定の値 l になるときは，対象の数列も収束し，極値が求まることを示している．無限数列 $\{c_n\}$ の極値を直接求めることが困難な時には便利である．

2.6 無限等比級数の応用―政府購入乗数と租税乗数―

マクロ経済学によると，所得は，短期的には，主として，家計，企業，政府の支出計画によって決まるという．支出しようとする人々が増えると企業は，より多くの財・サービスを生産し，販売し，より多くの労働者を雇うことになり所得は増加すると考えられるからである．以下は，N. グレゴリー・マンキュー著・足立英之ら訳『マンキュー マクロ経済学 I』（東洋経済新報社，2011）による．

2.6.1 計画支出

計画支出は，家計，企業，政府が財・サービスを支出したい額である．閉鎖経済を仮定すると，計画支出 PE は，消費 C，計画投資 I，および政府購入 G の合計として表される．すなわち，

$$PE = C + I + G$$

また，消費 C は，所得 Y から租税 T を引いた可処分所得（$Y - T$）に依存するとして，

$$C = c_0 + c_1(Y - T)$$

と書くことにする．ここで，c_0, c_1 は定数であり，c_1 は**限界消費性向**といわれ，所得が1単位増加したときに，消費（計画支出）に回る比率を表しており，通常0と1の間の値をとる．2つの式より，

$$PE = c_0 + c_1(Y - T) + I + G$$

図2.3は，計画支出 PE を Y の関数としてグラフを描いたものであり，**ケインジアンの交差図**といわれる．所得 Y が増加すると，消費が増加し，したが

って，計画支出も増加するので，右上がりであり，この直線の傾きは限界消費性向 c_1 である．

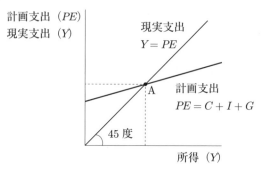

図 **2.3** ケインジアンの交差図

2.6.2 均衡所得

現実の支出 Y が，計画支出 PE に等しいときに，経済は均衡すると考えられている．すなわち，均衡は，

$$Y = PE$$

とおいて，計画支出が 45 度線と交わる A 点で示される．

2.6.3 財政政策と政府購入乗数

ケインジアンの交差図を用いて，政府の財政政策として，政府購入が ΔG 増加したときの所得への影響を調べることができる．図 2.4 に示すように，政府購入が ΔG だけ増加すると，計画支出のグラフは ΔG 上方にシフトし，経済の均衡が A 点から B 点へ移動する．その結果，ΔY の所得の増加をもたらし，ΔY は ΔG よりはるかに大きい．その比率 $\dfrac{\Delta Y}{\Delta G}$ は**政府購入乗数**と呼ばれる．

政府購入乗数を求める．

まず，①政府購入が ΔG 増加すると，所得も ΔG 増加する．②この所得の増加は，消費を $c_1 \times \Delta G$ 増加させる．③この消費の増加は，支出と所得を再び増加させる．④この所得の 2 度目の増加 $c_1 \times \Delta G$ は，消費を $c_1 \times (c_1 \times \Delta G)$ 増加させる．⑤それがさらに支出と所得を増加させる．この消費 → 所得 →

2.6 無限等比級数の応用―政府購入乗数と租税乗数― 33

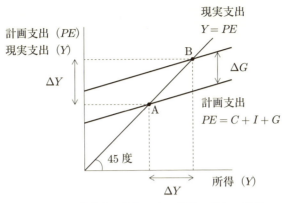

図 2.4 政府購入の増加による所得の増加の効果

消費という循環は無限に続く．したがって，総効果は，次のように考えられる．すなわち，

政府購入の最初の変化 $= \Delta G$

消費の最初の変化 $= c_1 \times \Delta G$

消費の2度目の変化 $= c_1 \times (c_1 \times \Delta G) = c_1^2 \times \Delta G$

消費の3度目の変化 $= c_1 \times \{c_1 \times (c_1 \times \Delta G)\} = c_1^3 \times \Delta G$

$\vdots$

したがって，所得への総効果は，

$$\Delta Y = (1 + c_1 + c_1^2 + c_1^3 + \cdots)\Delta G$$

政府購入乗数は，

$$\frac{\Delta Y}{\Delta G} = 1 + c_1 + c_1^2 + c_1^3 + \cdots$$

である．このように政府購入乗数の式は，無限等比級数で表される．2.5.2節の無限等比数列の和の公式を用いて，初項 $a_1 = 1$，公比 $r = c_1$（$0 < c_1 < 1$）とおくと，

$$\frac{\Delta Y}{\Delta G} = \frac{1}{1 - c_1}$$

もし限界消費性向 $c_1 = 0.6$ であれば，$\dfrac{\Delta Y}{\Delta G} = \dfrac{1}{1 - 0.6} = 2.5$ となる．この例

では政府の 1 単位の購入増加が 2.5 倍の所得増加の効果があることを示している.

例 2.9 限界消費性向 $c_1 = 0.4$ である場合の政府購入乗数を求めなさい.
【解】 $c_1 = 0.4$ を政府購入乗数の式に代入して，$\dfrac{\Delta Y}{\Delta G} = 1.666$ となる.

問 2.9 （租税乗数） 2.6 節の考え方を用いて，租税が ΔT だけ増加した時に，所得への効果の大きさ（租税乗数という）を求めなさい.
（ヒント） 租税が ΔT 増加すると，計画支出の式からわかるように，最初の変化は，$c_1 \times \Delta T$ の計画支出（所得）の減少になる.

2.7 階差数列

2.7.1 階差数列とは

階差数列とは，元の数列に対して，隣り合う項の差からなる新たな数列である．階差数列が簡単な規則性を持っていることに気づくことが多い．2.1 節の数列⑥は，図 2.5(b) に示すように，その階差数列が等差数列になっている．

このことから，数列が与えられると，まず等差数列，等比数列であるかチェックして，どちらでもないときは，階差数列をとってみる．元の数列に対して 1 回その差をとってできる階差数列を**第 1 階差数列**といい，第 1 階差数列をとっても規則性がわからないときは，第 1 階差数列の隣り合う項の差の数列で

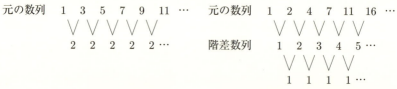

図 **2.5** 階差数列

ある**第2階差数列**を求めていくことになる.

2.7.2 階差数列を使った元の数列の一般項

階差数列を使って，元の数列 $\{a_n\}$ の第 n 項（一般項という）を求める．階差数列 $\{b_n\}$ が求まったとする．すなわち，

$$b_1 = a_2 - a_1$$
$$b_2 = a_3 - a_2$$
$$b_3 = a_4 - a_3$$
$$\vdots$$
$$b_{n-2} = a_{n-1} - a_{n-2}$$
$$b_{n-1} = a_n - a_{n-1}$$

一方，$a_n = a_1 + (a_2 - a_1) + (a_3 - a_2) + \cdots + (a_{n-1} - a_{n-2}) + (a_n - a_{n-1})$
と展開できるので，それぞれに対応する $b_1, b_2, b_3, \cdots$ に置き換えて，

$$a_n = a_1 + b_1 + b_2 + \cdots + b_{n-2} + b_{n-1}$$

階差数列を用いた元の数列の一般項 a_n の公式

階差数列 $\{b_n\}$ が求まったとき元の数列 $\{a_n\}$ の一般項は，

$$a_n = a_1 + b_1 + b_2 + \cdots + b_{n-2} + b_{n-1}$$

階差数列 $\{b_n\}$ が求まったとき元の数列 $\{a_n\}$ の一般項を求める手順を示す．まず，階差数列 $\{b_n\}$ の数列の規則性を調べ，この数列の第 $n-1$ 項までの和 $(b_1 + b_2 + \cdots + b_{n-2} + b_{n-1})$ を求める．等差数列，等比数列ならそれぞれの和の公式を用いる．そうでないときには，代表的な無限級数の部分和 S_n を用いる．その値に，元の数列の初項 a_1 を加えると，元の数列の一般項 a_n を求めることができる．

第2階差数列にて，規則性が見つかったときは，以上に述べた方法で，まず第1階差数列の一般項 b_n を求め，さらに元の数列の一般項 a_n を求めるという手順をとる．

36 第2章 数列と級数

例 2.10 次の数列の（ ）を埋めなさい.

(1) 1, 2, 5, 10, 17, 26, （ ）, ···　　(2) 1, 4, 13, 40, 121, （ ）, ···

【解】(1) 階差数列を求めると，1, 3, 5, 7, 9, （ ）となり公差が2の等差数列となる. 9の次は11であるから，$26 + 11 = 37$

(2) 階差数列を求めると，3, 9, 27, 81, （ ）となり公比が3の等比数列となる. 81の次は243であるから，$121 + 243 = 364$

問 2.10 次の数列の（ ）を埋めなさい.

(1) 1, 2, 4, 8, 15, 26, （ ）, ···　　(2) 1, 5, 13, 29, （ ）, ···

(3) 2, 8, 44, 260, （ ）, ···　　(4) 3, 11, 43, 171, （ ）, ···

(5) 4, 14, 42, 88, （ ）, ···

例 2.11 元の数列の階差数列が下記のように求まった. 元の数列の初項は，1であることがわかっている. 元の数列の一般項を求めなさい.

$$1, 3, 5, 7, 9, 11, 13, 15\cdots$$

【解】 階差数列 $\{b_n\}$ は，初項 $b_1 = 1$，公差 $d = 2$ の等差数列であり，一般項 b_n は，$b_n = 1 + 2(n-1) = 2n-1$ である. 元の数列 $\{a_n\}$ の一般項は，

$$a_n = a_1 + b_1 + b_2 + \cdots + b_{n-2} + b_{n-1}$$

であるから，2.5.1における代表的な無限級数の部分和を用いて，$a_n = 1 + \dfrac{2(n-1)n}{2} - (n-1) = 1 + (n-1)^2$

問 2.11 次の数列の一般項を求めなさい.

(1) 1, 2, 5, 10, 17, 26, ···　　(2) 1, 4, 13, 40, 121, ···

章末問題　　*37*

第 2 章　章末問題

2.1

　次のア〜エは，それぞれ一定の規則により並んだ数列であるが，空欄 A〜D
にあてはまる 4 つの数の和として，正しいのはどれか．

　　ア　1，5，13，　　A　，61，……

　　イ　2，8，44，260，　　B　，……

　　ウ　3，11，43，　　C　，683，……

　　エ　4，14，42，88，　　D　，……

1　1908

2　1918

3　1928

4　1938

5　1948

[東京都 I・平成 24 年]

2.2

　1 から 200 までの自然数のうち，7 で割り切れないものの総和はいくらか．

1　17,244

2　17,251

3　17,258

4　17,265

5　17,272

[地方上級・平成 8 年]

2.3

　3 種類の数，3，6，9 が 113 個，下のように並んでいる．この 113 個の数の
うち，3 は全部で何個あるか．

　　　　3，6，3，3，9，3，6，3，3，9，3，6，3，3，9，……

1　66 個

2　67 個
3　68 個
4　69 個
5　70 個

2.4

下図のように，白と黒の碁石を交互に追加して正方形の形に並べていき，最初に白の碁石の総数が 120 になったときの正方形の一辺の碁石の数として，正しいのはどれか．

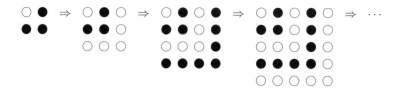

1　11
2　13
3　15
4　17
5　19

[東京都 I・平成 27 年]

2.5

自然数を以下のように順番に並べていくと，1 の真下にくる数字は 1 回目が 5 であり，2 回目が 13 である．このとき，30 回目に 1 の真下にくる数字はどれか．なお，1〜n までの和は，$\dfrac{n(n+1)}{2}$ である．

章末問題　*39*

$$
\begin{array}{c}
1 \\
2 \quad 3 \\
4 \quad 5 \quad 6 \\
7 \quad 8 \quad 9 \quad 10 \\
11 \quad 12 \quad 13 \quad \cdots\cdots
\end{array}
$$

1　1841

2　1851

3　1861

4　1871

5　1881

2.6

　3けたの自然数のうち，条件「3で割ると2余りかつ4で割ると3余る」を満足するすべての自然数の和として，正しいのはどれか．

1　41285

2　41295

3　41305

4　41315

5　41325

[東京都Ⅰ・平成17年]

2.7

　ある新言語Xの創始者Aは，1年目に10人に言語Xを習得させた．2年目以降，A及び前年までに言語Xを習得した者はすべて，毎年，必ず10人ずつ新たに言語Xを習得させる．

　6年目が終了した時点で，言語Xを習得している人は，Aを含め何人になるか．

1　111万1161人

2　123万4561人

40 第 2 章 数列と級数

3　144 万 4861 人

4　165 万 1061 人

5　177 万 1561 人

［国家 II 種・平成 12 年］

2.8

　自分とまったく同じ複製を作ることができる自己増殖ロボットがある．このロボットは作られてから 1 時間は何もしないが，その後は 1 時間に 1 台ずつ複製を作っていく．今，完成したばかりのこのロボットが 1 台あるとき，7 時間後のロボットの台数として正しいものは次のうちどれか．

1　15 台

2　17 台

3　19 台

4　21 台

5　23 台

［地方上級・平成 13 年］

2.9

$\dfrac{1}{1 \cdot 3} + \dfrac{1}{2 \cdot 4} + \cdots + \dfrac{1}{n \cdot (n+2)} + \cdots + \dfrac{1}{20 \cdot 22}$ の値はいくらか．

1　$\dfrac{325}{462}$

2　$\dfrac{331}{462}$

3　$\dfrac{335}{462}$

4　$\dfrac{337}{462}$

5　$\dfrac{347}{462}$

［国家総合職・平成 26 年］

第 3 章

さまざまな関数

　経営・経済分野に出てくる基本的な関数について学ぶ．関数の式とそのグラフの形および基本的な性質を理解しておくことが大切である．

3.1　関数とは

　2 つの変数 x と y において，x の値が決まると，それに対応して y の値が定まるとき，y は x の**関数**であるという．y が x の関数であることを

$$y = f(x)$$

と書く．$x = a$ を代入したときに決まる値を $f(a)$ と表す．関数を表現するときに，$f(x)$ と f を多用するのは，英語で関数のことを *function* といい，その頭文字を選ばれることが多いからである．

　具体的な例として，関数 $y = f(x) = 2x^3 - 0.4x^2 - 0.5x + 0.1$ を取り上げる．$a = 1,\ 0.5,\ 0,\ -0.5$ のときの $f(a)$ の値を求めると，$f(1) = 1.2$, $f(0.5) = 0$, $f(0) = 0.1$, $f(-0.5) = 0$, $f(-1) = -1.8$ である．a が -1.0 から 1.0 まで，0.25 きざみの値をとるときの $f(a)$ の値を図 3.1（a）に，x が $-1.3 \leq x \leq 1.4$ の場合の $y = f(x)$ のグラフを図 3.1（b）に示す．

　y が x の関数であることの別の表現として，変数 y は x に従属するとも言い，x を**独立変数**，y を**従属変数**という．独立変数がとりうる値の範囲をこの関数の**定義域**といい，x の定義域のあらゆる値をとるときに，従属変数がと

a	$f(a)$
-1.0	-1.80
-0.75	-0.59
-0.5	0.00
-0.25	0.17
0.0	0.10
0.25	-0.02
0.5	0.00
0.75	0.34
1.0	1.20

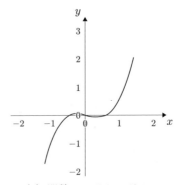

(a) $y = f(a)$ の値　　　(b) 関数 $y = f(x)$ のグラフ

図 3.1 関数 $y = f(x) = 2x^3 - 0.4x^2 - 0.5x + 0.1$ ($-1.3 \le x \le 1.4$) のグラフ

りうる値の範囲をこの関数の**値域**という．先ほどの例では，定義域を $-1.0 \le x \le 1.0$ とすると，値域は $-1.8 \le y \le 1.2$ となる．

例 3.1 関数 $y = f(x) = 2x^3 - 0.4x^2 - 0.5x + 0.1$ について，$f(1) = 1.2$, $f(0.5) = 0$, $f(0) = 0.1$, $f(-0.5) = 0$, $f(-1) = -1.8$ となることを確かめなさい．

【解】 関数 $f(x)$ における x にそれぞれの値を代入する．

問 3.1 関数 $y = f(x) = 2x^3 - 0.4x^2 - 0.5x + 0.1$ について $f(2)$, $f(-2)$ の値を求めなさい．

3.2　1 次関数

3.2.1　1 次関数とは

関数 $y = 2x + 1$, $y = -10x + 25$ などのように，2 つの変数 x と y において，その対応関係が x の 1 次式（関数のなかに x が入っている式）で表されるとき，y は x の **1 次関数**であるという．

$y = 2x + 1$ のグラフを図 3.2 左に示す．右上がりの**直線**になる．x を 1 単位

増やしたときの y の増分を **傾き** といい，この傾きは 2 である．$y = -2x+1$ の
グラフを図 3.2 右に示す．x を 1 単位増やしたときに y が減少しており，傾き
は -2 で，グラフは右下がりの直線となる．グラフが y 軸と交わる点を **切片** と
いい，どちらの場合も $(0,1)$ である．

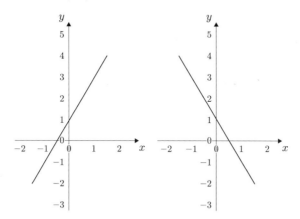

図 3.2 1 次関数のグラフ（左：$y = 2x+1$，右：$y = -2x+1$）

一般に，1 次関数は，a, b を定数としたとき，

$$y = ax + b \quad (a \neq 0)$$

と表され，そのグラフは，切片が $(0, b)$ で，傾き a の直線である．$a > 0$ の場合は，右上がり，$a < 0$ の場合は，右下がりである．

---
1 次関数のグラフ

$y = ax + b \, (a \neq 0)$ のグラフは，切片 $(0, b)$，傾き a とする直線である．

　　　（$a > 0$ の場合）　グラフは，右上がり
　　　（$a < 0$ の場合）　グラフは，右下がり

例 3.2 次の一次関数の傾きと切片を求めなさい．
(1) $y = \dfrac{1}{2}x + 3$　　(2) $y = -3x + 1$

【解】(1) 傾き $\dfrac{1}{2}$，切片 3　　(2) 傾き -3，切片 1

問 3.2 次の一次関数の傾きと切片を求め，グラフを描きなさい．
(1) $y = 7x - 25$ (2) $y = -\dfrac{1}{5}x + 3$

3.2.2 1次関数のグラフの移動と回転

1次関数のグラフを座標上で，移動と回転したときの様相とそれらを行う数学的な手順を述べる．関数 $y = 2x + 1$(図 3.3 ①) をベースとし，下記の操作を行ったときのグラフを図 3.3 中の②③④⑤に示す．

Ⅰ．x 軸方向に 1 だけ平行移動（図 3.3 ②）
Ⅱ．y 軸に対称となる回転（図 3.3 ③）
Ⅲ．x 軸に対称となる回転（図 3.3 ④）
Ⅳ．直線 $y = x$ に対称となる回転（図 3.3 ⑤）

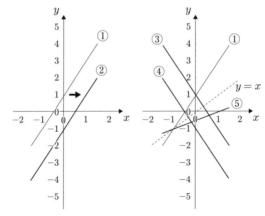

図 3.3 1次関数のグラフの移動と回転

ⅠからⅣの操作を行ったときに得られる関数の求め方を示す．

Ⅰ．x 軸方向に 1 だけ平行移動して得られる関数（図 3.3 ②）
　$y = 2x + 1$ に対して，**x** の代わりに **$(x - 1)$** を代入する．よって，平行移動により得られる関数は，$y = 2(x - 1) + 1 = 2x - 1$ となる．

Ⅱ．y 軸に対称となる回転により得られる関数（図 3.3 ③）
　$y = 2x + 1$ に対して，**x** の代わりに **$(-x)$** を代入する．よって，x 軸に対称となる回転により得られる関数は，$y = 2(-x) + 1 = -2x + 1$ となる．

Ⅲ. x 軸に対称となる回転により得られる関数（図 3.3 ④）

　　$y = 2x + 1$ に対して，$\boldsymbol{y}$ の代わりに $(\boldsymbol{-y})$ を代入する．よって，y 軸に対称となる回転により得られる関数は，$-y = 2x + 1$ であるから，これを y について解いて，$y = -2x - 1$ となる．

Ⅳ. 直線 $y = x$ に対称となる回転により得られる関数（図 3.3 ⑤）

　　$y = 2x + 1$ に対して，$\boldsymbol{x}$ の代わりに $(\boldsymbol{y})$，かつ $\boldsymbol{y}$ の代わりに $(\boldsymbol{x})$ を同時に代入する．よって，直線 $y = x$ に対称となる回転により得られる関数は，$x = 2y + 1$ であるから，これを y について解いて，$y = (x - 1)/2 = \frac{1}{2}x - \frac{1}{2}$ となる．

なお，これらの移動と回転の操作を行う数学的手順は，1 次関数以外の関数においても成立する．

例 3.3　$y = 2x + 4$ の移動と回転後の関数を求めなさい．

(1) x 軸方向に 2 だけ平行移動　　　(2) y 軸に対称となる回転

(3) x 軸に対称となる回転　　　　　(4) 直線 $y = x$ に対称となる回転

【解】　(1) x の代わりに $(x - 2)$ を代入して，$y = 2x$

(2) x の代わりに $(-x)$ を代入して，$y = -2x + 4$

(3) y の代わりに $(-y)$ を代入して，$y = -2x - 4$

(4) x の代わりに (y)，かつ y の代わりに (x) を同時に代入して，$y = \frac{1}{2}x - 2$

問 3.3　$y = \frac{1}{2}x + 1$ の移動と回転後の関数を求めなさい．

(1) x 軸方向に 2 だけ平行移動　　　(2) y 軸に対称となる回転

(3) x 軸に対称となる回転　　　　　(4) 直線 $y = x$ に対称となる回転

3.3　逆関数と合成関数

3.3.1　逆関数

　関数 $y = f(x)$ とは，x の値が決まると，それに対応して y の値が定まるものであった．これとは，逆に，y の値が決まるとそれに対応して x の値が決ま

46   第3章　さまざまな関数

るとき，$x = f^{-1}(y)$ と書いて，f^{-1} は，元の関数 f の**逆関数**という．

逆関数の求め方は，元の関数に x の代わりに (y)，かつ y の代わりに (x) を同時に代入することにより得られる式を，y について解けばよい．

逆関数のグラフ上の動きを調べよう．逆関数を求めるときの「x の代わりに (y)，かつ y の代わりに (x) を同時に代入する」という操作は，前節（3.2.2 節）において述べたように，「直線 $y = x$ に対称となる回転」と同じであることから，逆関数を求めることは，直線 $y = x$ に対称となる関数を求めることと同じであることがわかる．

逆関数の求め方とグラフ

1. 逆関数の求め方は，元の関数に x の代わりに (y)，かつ y の代わりに (x) を同時に代入することにより得られる式を y について解く．
2. 元の関数と逆関数の関係は，直線 $y = x$ に対して対称となっている．

例 3.4　次の一次関数の逆関数を求めなさい．

(1) $y = 2x + 1$　　(2) $y = x + 4$　　(3) $y = \dfrac{1}{2}x + 1$

【解】　x の代わりに (y)，かつ y の代わりに (x) を同時に代入して，

(1) $y = \dfrac{1}{2}x - \dfrac{1}{2}$　　(2) $y = x - 4$　　(3) $y = 2x - 2$

問 3.4　次の一次関数の逆関数を求めなさい．

(1) $y = 3x - 2$　　(2) $y = \dfrac{1}{2}x + 3$　　(3) $y = -3x + 1$

3.3.2　合成関数

2つの関数 $y = f(u)$，$u = g(x)$ に対して，u を消去して，直接に y と x の関係である $y = f(g(x))$ と表した関数を**合成関数**と呼ぶ．

例えば，$y = 2u + 1$，$u = \dfrac{1}{2}x + 3$ の合成関数は，$y = 2\left(\dfrac{1}{2}x + 3\right) + 1 = x + 7$ となる．

例 3.5　次の2つの関数の合成関数を求めなさい．

(1) $y = 2u + 1$, $u = -\dfrac{1}{4}x + 2$ (2) $y = \dfrac{1}{4}u + 3$, $u = 2x + 4$

【解】(1) $y = 2\left(-\dfrac{1}{4}x + 2\right) + 1 = -\dfrac{1}{2}x + 5$ (2) $y = \dfrac{1}{4}(2x + 4) + 3 = \dfrac{1}{2}x + 4$

問 3.5 次の 2 つの関数の合成関数を求めなさい．
(1) $y = 2u + 1$, $u = 2x + 1$ (2) $y = \dfrac{1}{2}u + 3$, $u = \dfrac{1}{2}x + 4$

3.4 2次関数

3.4.1 2次関数とグラフ

関数 $y = 2x^2 - 4x$, $y = -\dfrac{1}{2}x^2 + 4x$ などのように，2つの変数 x と y において，その対応関係が x の 2 次式（関数のなかに x^2 が入っている式）で表されるとき，y は x の **2 次関数** であるという．

$y = 2x^2 - 4x$, $y = -2x^2 + 4x$ のグラフを図 3.4 に示す．それぞれ，下に凸，上に凸の放物線になる．放物線において対称となる直線を **軸**，軸と放物線の交点を **頂点** と呼ぶ．図 3.4 では，軸は $x = 1$，頂点は，それぞれ $(1, -2)$, $(1, 2)$ であることがわかる．

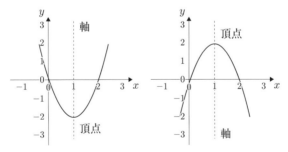

図 **3.4** 2 次関数のグラフ（左：$y = 2x^2 - 4x$，右：$y = -2x^2 + 4x$）

一般に，2 次関数は，a, b, c を定数としたとき，

$$y = ax^2 + bx + c \quad (a \neq 0)$$

48 第3章 さまざまな関数

と表され，そのグラフは，$a > 0$ の場合は下に凸，$a < 0$ の場合は上に凸であり，軸に対して左右対称である．頂点は，$a > 0$ の場合は最小値，$a < 0$ の場合は最大値となる点である．

2次関数の頂点の座標を求める．一般的な式を変形していく．

$$y = ax^2 + bx + c = a\left(x^2 + \frac{b}{a}x\right) + c = a\left(x + \frac{b}{2a}\right)^2 - \frac{b^2 - 4ac}{4a}$$

この式において，

(i) $a > 0$ の場合

下に凸であることはわかっているので，頂点は最小値である．

$a\left(x + \dfrac{b}{2a}\right)^2$ は，正かゼロであるから，y が最小値をとるのは，ゼロの場合であるはずである．

$$a\left(x + \frac{b}{2a}\right)^2 = 0$$

より，最小値をとる x の値は $x = -\dfrac{b}{2a}$，そのときの y の値は，$-\dfrac{b^2 - 4ac}{4a}$ である．したがって，頂点の座標は，$(-\dfrac{b}{2a}, -\dfrac{b^2 - 4ac}{4a})$ となる．

(ii) $a < 0$ の場合

上に凸であることはわかっているので，頂点は最大値である．

$a\left(x + \dfrac{b}{2a}\right)^2$ は，負かゼロであるから，y が最大値をとるのは，ゼロの場合であるはずである．

$$a\left(x + \frac{b}{2a}\right)^2 = 0$$

より，最大値をとる x の値は $x = -\dfrac{b}{2a}$，そのときの y の値は，$-\dfrac{b^2 - 4ac}{4a}$ である．したがって，頂点の座標は，$(-\dfrac{b}{2a}, -\dfrac{b^2 - 4ac}{4a})$ となる．

2次関数のグラフ

1. $y = ax^2 + bx + c$ のグラフは，

（$a > 0$ の場合）　下に凸な放物線

（$a < 0$ の場合）　上に凸な放物線

2. 軸は $x = -\dfrac{b}{2a}$, 頂点の座標は, $(-\dfrac{b}{2a}, -\dfrac{b^2 - 4ac}{4a})$ である.

例 3.6 次の 2 次関数の軸と頂点の座標を求めなさい.
(1) $y = 2x^2 - 4x$ (2) $y = x^2 - 2x + 3$
【解】 (1) $y = 2x^2 - 4x = 2(x-1)^2 - 2$ より, 軸 $x = 1$ と頂点の座標 $(1, -2)$
(2) $y = x^2 - 2x + 3 = (x-1)^2 + 2$ より, 軸 $x = 1$ と頂点の座標 $(1, 2)$

問 3.6 次の 2 次関数の軸と頂点の座標を求めなさい.
(1) $y = x^2 - x - 6$ (2) $y = \dfrac{1}{2}x^2 + 3x - \dfrac{7}{2}$

3.4.2 2 次関数と 2 次方程式

2 次関数が x 軸と交わる点を求めたい. 図 3.5 に示すように, 3 つのケースが考えられる.

(a) x 軸と 2 点で交わる (図 3.5 左)
(b) x 軸と 1 点で交わる (図 3.5 中)
(c) x 軸と交わらない (図 3.5 右)

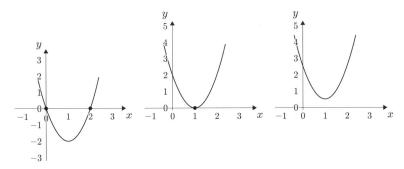

図 **3.5** 2 次関数が x 軸と交わる点 (左：x 軸と 2 点で交わる
中：x 軸と 1 点で交わる 右：x 軸と交わらない)

2 次関数 $y = ax^2 + bx + c$ が x 軸と交わる点は, y 軸の値が 0, すなわち

50　第3章　さまざまな関数

$y = 0$ となる x の値を求めればよいから，

$$y = ax^2 + bx + c = 0$$

を解けばよい．前節で示したように，一般的な式を変形して，0 とおく．

$$y = ax^2 + bx + c = a\left(x^2 + \frac{b}{a}x\right) + c = a\left(x + \frac{b}{2a}\right)^2 - \frac{b^2 - 4ac}{4a} = 0$$

より，

$$a\left(x + \frac{b}{2a}\right)^2 = \frac{b^2 - 4ac}{4a}$$

$a \neq 0$ であるから，両辺を a 割って，

$$\left(x + \frac{b}{2a}\right)^2 = \frac{b^2 - 4ac}{4a^2}$$

このとき，分母の $4a^2 > 0$ であるから，右辺の分子の $b^2 - 4ac$ が正か負かにより，右辺の正負が決まる．そのために，$b^2 - 4ac$ を **判別式** と呼んでいる．

(i)　$b^2 - 4ac > 0$ の場合

右辺 > 0 となり，$x + \dfrac{b}{2a} = \dfrac{\pm\sqrt{b^2 - 4ac}}{2a}$ より，

$$x = -\frac{b}{2a} \pm \frac{\sqrt{b^2 - 4ac}}{2a} = \frac{-b \pm \sqrt{b^2 - 4ac}}{2a}$$

である．x は，2つの解をもつ．図 3.5 左のケースである．

(ii)　$b^2 - 4ac = 0$ の場合

右辺 $= 0$ となり，$\left(x + \dfrac{b}{2a}\right)^2 = 0$ より，$x = -\dfrac{b}{2a}$ である．この場合には，x は，1つの解をもつ．図 3.5 中のケースである．

(iii)　$b^2 - 4ac < 0$ の場合

右辺 < 0 となり，

$$\left(x + \frac{b}{2a}\right)^2 < 0$$

となる．実数の範囲では，解は求まらない．図 3.5 右のケースである．

以上は，2次関数 $y = ax^2 + bx + c$ が x 軸と交わる点を求めるという視点からスタートして，$y = ax^2 + bx + c = 0$ を満たす x を求めた．

3.5 分数関数　*51*

一方，2次方程式 $ax^2 + bx + c = 0$ の解を求める問題がある．この両者は，スタートの視点は異なるが，両者とも $ax^2 + bx + c = 0$ を満たす x を求めていることになり，結果は同じになることに留意をすることが大切である．

例 3.7　次の 2 次関数が x 軸と交わる点の座標を求めなさい．

(1) $y = x^2 - 13x + 36$　　(2) $y = x^2 - \dfrac{7}{2}x + \dfrac{3}{2}$

【解】　(1) $y = x^2 - 13x + 36 = (x - 4)(x - 9) = 0$ より，$x = 4, 9$

(2) $y = x^2 - \dfrac{7}{2}x + \dfrac{3}{2} = \left(x - \dfrac{1}{2}\right)(x - 3) = 0$ より，$x = \dfrac{1}{2}, 3$

問 3.7　次の 2 次関数が x 軸と交わる点の座標を求めなさい．

(1) $y = x^2 - x - 6$　　(2) $y = \dfrac{1}{2}x^2 + 3x - \dfrac{7}{2}$

例 3.8　次の 2 次方程式を解きなさい．

(1) $2x^2 - 4x = 0$　　(2) $x^2 + 2x - 3 = 0$

【解】　(1) $2x^2 - 4x = 2x(x - 2) = 0$ より，$x = 0, 2$

(2) $x^2 + 2x - 3 = (x - 1)(x + 3)$ より，$x = 1, -3$

問 3.8　次の 2 次方程式を解きなさい．

(1) $2x^2 + x - 6 = 0$　　(2) $6x^2 - 7x - 3 = 0$

3.5　分数関数

3.5.1　分数関数とは

関数 $y = \dfrac{1}{x}$，$y = \dfrac{3x + 2}{2x - 1}$ などのように，2 つの変数 x と y において，その対応関係が x の分数式で表されるとき，y は x の **分数関数** であるという．

関数 $y = \dfrac{1}{x}$ と $y = -\dfrac{1}{x}$ のグラフを図 3.6(a)(b) に示す．それぞれ原点 $(0, 0)$ を挟んで，2 つのグラフからなり，このような曲線を **双曲線** という．反比例の形である．

変数 x が極端な値をとる場合における y の値を調べてみる．

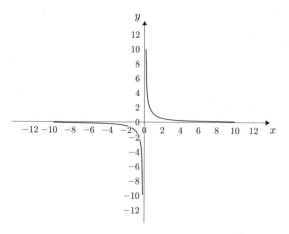

図 3.6 (a) 分数関数のグラフ $y = \dfrac{1}{x}$

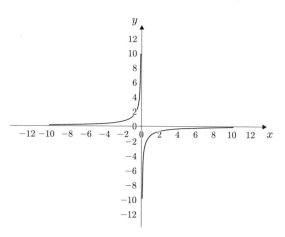

図 3.6 (b) 分数関数のグラフ $y = -\dfrac{1}{x}$

(i) x の値を限りなく 0 に近づけていくと，y の値は限りなく大きな値（無限大，∞）あるいは，限りなく小さい値（マイナス無限大，$-\infty$）に近づいていく．すなわち，y 軸に近づいていく．

(ii) x の値を限りなく大きな値（無限大，∞）あるいは，限りなく小さい値（マイナス無限大，$-\infty$）に近づけていくと，y の値は限りなく 0 に近づいていく．すなわち，x 軸に近づいていく．

このx軸やy軸のように曲線に対して原点より十分遠いところで，近づくが接することがない直線のことを**漸近線**（ぜんきんせん）という．

一般に，分数関数は，a, b, c, dを定数としたとき，

$$y = \frac{cx+d}{ax+b} \quad (a \neq 0, ad - bc \neq 0)$$

と表される．

3.5.2 分数関数の漸近線とグラフ

一般的な分数関数の漸近線を求める．一般的な式を変形していくと，

$$y = \frac{cx+d}{ax+b} = \frac{c}{a} + \frac{d - \dfrac{bc}{a}}{ax+b} = \frac{c}{a} + \frac{\dfrac{ad-bc}{a^2}}{x + \dfrac{b}{a}}$$

となる．ここで$\dfrac{c}{a}$，$\dfrac{b}{a}$，$\dfrac{ad-bc}{a^2}(\neq 0)$は$x$を含まない定数である．変数$x$を含む分母$x + \dfrac{b}{a}$について，$x = -\dfrac{b}{a}$のときは$x + \dfrac{b}{a} = 0$，すなわち，分母が0になる．したがって，

(i)　xの値を限りなく$-\dfrac{b}{a}$に近づけていくと，yの値は限りなく大きな値（無限大，∞）あるいは，限りなく小さい値（マイナス無限大，$-\infty$）をとる．すなわち，$x = \dfrac{-b}{a}$の直線に限りなく近づいていく．

(ii)　xの値を限りなく大きな値（無限大，∞）あるいは，限りなく小さい値（マイナス無限大，$-\infty$）に近づけていくと，yの値は限りなく$\dfrac{c}{a}$に近づいていく．すなわち，$y = \dfrac{c}{a}$の直線に限りなく近づいていく．

以上のことから，一般的な分数関数の漸近線は$x = -\dfrac{b}{a}$，$y = \dfrac{c}{a}$となる．例えば，関数$y = \dfrac{1}{x}$は，$a = 1, b = 0, c = 0, d = 1$であるから，漸近線は$x = 0$，$y = 0$となり，図3.6（a）に示すとおりである．

分数関数のグラフ

$y = \dfrac{cx+d}{ax+b}(a \neq 0, ad - bc \neq 0)$のグラフは，

1. 漸近線は$x = -\dfrac{b}{a}$，$y = \dfrac{c}{a}$である．

54 第3章 さまざまな関数

2. グラフは，点 $\left(-\dfrac{b}{a}, \dfrac{c}{a}\right)$ について，対称な双曲線で，

$\left(\dfrac{ad - bc}{a^2} > 0 \text{ の場合}\right)$ 右上と左下に位置する

$\left(\dfrac{ad - bc}{a^2} < 0 \text{ の場合}\right)$ 左上と右下に位置する

例 3.9 次の分数関数の漸近線を求めなさい．
(1) $y = \dfrac{1}{x - 2}$ (2) $y = \dfrac{1}{2x - 1} + 2$

【解】 (1) $a = 1, b = -2, c = 0, d = 1$ であるから，漸近線 $x = 2, y = 0$
(2) $x = \dfrac{1}{2}, y = 2$

問 3.9 次の分数関数の漸近線を求めなさい．
(1) $y = \dfrac{3x + 2}{2x - 1}$ (2) $y = \dfrac{4x - 3}{2(x - 1)}$

3.6 無理関数

関数 $y = \sqrt{x}$, $y = \sqrt{2x}$, $y = \sqrt{x-1} + 2$ などのように，2つの変数 x と y において，その対応関係が x の無理式（$\sqrt{}$ の中に x が入ったものを含んでいる式）で表されるとき，y は x の**無理関数**であるという．

関数 $y = \sqrt{2(x-1)} + 0.5$ のグラフとこれに対して x の前の係数だけがマイナスになった関数 $y = \sqrt{-2(x-1)} + 0.5$ のグラフを図3.7に示す．一方は，右に開いており，他方は，左に開いている放物線を横倒しした上半分の曲線になる．それぞれのグラフの先端は，**頂点**と呼ばれ，$y = \sqrt{2(x-1)} + 0.5$ では $(1, 0.5)$, $y = \sqrt{-2(x-1)} + 0.5$ では $(1, 0.5)$ であることがわかる．
一般に，無理関数は，a, b, c を定数としたとき，

$$y = \sqrt{ax + b} + c \quad (a \neq 0)$$

と表される．その定義域は，$\sqrt{}$ の中において，$ax + b \geq 0$ となる x の範囲であり，頂点は，最小値をとる．

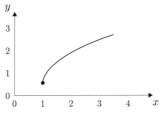 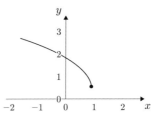

図 **3.7** 無理関数とそのグラフ（左：$y = \sqrt{2(x-1)} + 0.5$ 右：$y = \sqrt{-2(x-1)} + 0.5$）

無理関数の頂点の座標を求める．一般的な式を変形していく．

$$y = \sqrt{ax+b} + c = \sqrt{a\left(x + \frac{b}{a}\right)} + c$$

ここで，$\sqrt{a\left(x + \frac{b}{a}\right)}$ は，正かゼロであるから，頂点の y が最小値をとるのは，ゼロの場合であるはずである．すなわち，

$$a\left(x + \frac{b}{a}\right) = 0$$

より，最小値をとる x の値は，$x = -\frac{b}{a}$，そのときの y の値は，c である．したがって，頂点の座標は $\left(-\frac{b}{a}, c\right)$ となる．

一方，無理関数 $y = -\sqrt{ax+b} + c (a \neq 0)$ の場合は，頂点は最大値である．

$$y = -\sqrt{ax+b} + c = -\sqrt{a\left(x + \frac{b}{a}\right)} + c$$

ここで，$-\sqrt{a\left(x + \frac{b}{a}\right)}$ は，負かゼロであるから，頂点の y が最大値をとるのは，ゼロの場合であるはずである．すなわち，

$$a\left(x + \frac{b}{a}\right) = 0$$

より，最大値をとる x の値は，$x = -\frac{b}{a}$，そのときの y の値は，c である．したがって，頂点の座標は $\left(-\frac{b}{a}, c\right)$ となる．

56　第3章　さまざまな関数

$y = \sqrt{ax + b} + c$ であっても，$y = -\sqrt{ax + b} + c$ の場合であっても，頂点の座標は $\left(-\dfrac{b}{a}, c\right)$ である.

無理関数のグラフ（1）

1. $y = \sqrt{ax + b} + c\,(a \neq 0)$ のグラフは，

　（$a > 0$ の場合）　右に開いている横倒しにした放物線の上半分になる.

　（$a < 0$ の場合）　左に開いている横倒しにした放物線の上半分になる.

2. 頂点の座標は，$\left(-\dfrac{b}{a}, c\right)$ である.

無理関数のグラフ（2）

1. $y = -\sqrt{ax + b} + c\,(a \neq 0)$ のグラフは，

　（$a > 0$ の場合）　右に開いている横倒しにした放物線の下半分になる.

　（$a < 0$ の場合）　左に開いている横倒しにした放物線の下半分になる.

2. 頂点の座標は，$\left(-\dfrac{b}{a}, c\right)$ である.

$y = \sqrt{ax + b} + c$ のグラフと $y = -\sqrt{ax + b} + c$ のグラフは直線 $y = c$ に関して上下対称になっていることがわかる.

例 3.10　次の無理関数の頂点の座標を求めなさい.

(1) $y = \sqrt{x - 1}$　　(2) $y = \sqrt{2x - 3} + 1$

【解】　(1) $(1, 0)$　　(2) $\left(\dfrac{3}{2}, 1\right)$

問 3.10　次の無理関数の頂点の座標を求めなさい.

(1) $y = \sqrt{-x - 1} + 2$　　(2) $y = \sqrt{-2x - 1} - 3$

3.7 指数関数

3.7.1 累乗と指数

同じ数や文字を何回も掛け合わせたものを**累乗**という．たとえば，

$$3 \times 3 \times 3 \times 3 \times 3 \text{ を } 3^5 \quad (3 \text{ の } 5 \text{ 乗})$$

$$a \times a \times a \text{ を } a^3 \quad (a \text{ の } 3 \text{ 乗})$$

$$a \times a \text{ を } a^2 \quad (a \text{ の } 2 \text{ 乗})$$

と書き，3を5回，aを3回あるいは，2回掛け合わせたものであることを表している．文字の右肩の数は，**指数**と呼ばれ，文字をかける回数を表している．一般に，a^n は，aをn回かけたことを表している．

3.7.2 指数法則

（1） 指数が正の整数の場合

$a \neq 0, b \neq 0$ として，m, n が正の整数のとき，

1. $a^m \times a^n = a^{m+n}$
2. $a^m \div a^n = a^{m-n} \quad (m > n)$
3. $(a^m)^n = a^{mn}$
4. $(ab)^n = a^n b^n$
5. $\left(\dfrac{a}{b}\right)^n = \dfrac{a^n}{b^n}$

（2） 指数が0あるいは，負の整数の場合

$a \neq 0$ として，m, n が正の整数のとき，

1. $a^0 = 1$
2. $a^{-n} = \dfrac{1}{a^n}$
3. $a^m \div a^n = a^{m-n} \quad (m \leq n)$

---

58   第3章　さまざまな関数

（3）　指数が正負の分数の場合

(1)(2)は，$a > 0, b > 0$ のとき，指数が正負の分数の場合にも適用できる．

例 3.11　次の指数計算をしなさい．

(1) $x^2 \times x^3$　　(2) $(a^2 b^3)^2$　　(3) $(ab^3)^2 \times a^3 b^2$

【解】 指数法則を使って求める．　(1) x^5　　(2) $a^4 b^6$　　(3) $a^5 b^8$

問 3.11　次の指数計算をしなさい．

(1) $(a^2 b^3)^0$　　(2) 2^{-3}　　(3) $3^4 \times (3^2)^{-3}$

例 3.12　パラメータ $a(0 < a < 1)$ とする．

$$A = x^a y^{1-a} \qquad B = ax^{a-1} y^{1-a}$$

であるとしたとき，

(1) A^2　　(2) B^2　　(3) AB　　(4) BA

を求めなさい．

【解】　(1) $x^{2a} y^{2-2a}$　　(2) $a^2 x^{2a-2} y^{2-2a}$　　(3) $ax^{2a-1} y^{2-2a}$

(4) $ax^{2a-1} y^{2-2a}$

問 3.12　パラメータ $a(0 < a < 1)$ とする．

$$A = x^a y^{1-a} \quad B = ax^{a-1} y^{1-a} \quad C = (1-a)x^a y^{-a}$$

であるとしたとき，

(1) $\dfrac{A}{B}$　　(2) $\dfrac{B}{A}$　　(3) $\dfrac{C}{B}$　　(4) $\dfrac{B}{C}$

を求めなさい．

3.7.3　指数関数とグラフ

2つの変数 x と y において，その対応関係が定数 $a(a > 0, a \neq 1)$ を用いて

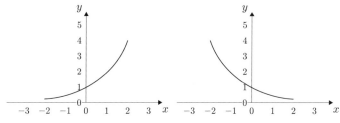

図 3.8 指数関数とそのグラフ（左：$y = 2^x$，右：$y = (0.5)^x$）

$$y = a^x$$

と表されるとき，y は，a を**底**（てい）とする x の**指数関数**であるという．

指数関数 $y = 2^x$，$y = (0.5)^x$ のグラフを図 3.8 に示す．一方は，右上がりであり，他方は，右下がりである．3.7.2 節の指数法則より，$x = 0$ のときは，a の値によらず $y = 1$ であり，$x = 1$ のときは，$y = a$ であることがわかる．

指数関数のグラフ

1. $y = a^x$ のグラフは，
  （$a > 1$ の場合）　右上りの曲線になる．
  （$0 < a < 1$ の場合）　右下りの曲線になる．
2. グラフは，点 $(0, 1), (1, a)$ を通る．
3. x 軸は，漸近線になる．

3.8 対数関数

3.8.1 対数

$a > 0, a \neq 1$ とする．指数関数 $y = a^x$ は変数 x が与えられて y を求めるものであった．一方，y が適当な正の数 M と決まったときに，

$$M = a^x$$

を満たす x を求めたい．求めた x を $x = m$ とする．すなわち，

60 第 3 章 さまざまな関数

$$M = a^m$$

となるとき，m を a を底とする M の**対数**といい，

$$m = \log_a M$$

と表す．また，M を a を底（てい）とする対数 m の**真数**という．

3.8.2 対数の基本性質

対数の基本性質

$a > 0,\ a \neq 1,\ M > 0,\ N > 0$ で，r は実数のとき，

1. $\log_a 1 = 0,\ \log_a a = 1$
2. $\log_a MN = \log_a M + \log_a N$
3. $\log_a \dfrac{M}{N} = \log_a M - \log_a N$
4. $\log_a M^r = r \log_a M$
5. $a^{\log_a M} = M$

これらの関係式が成立することを確かめるには，すべて対数関数を指数関数に置き換えて，左辺と右辺が等しくなることを示すことになる．

例 3.13 次の値を求めなさい.

(1) $\log_7 1$　　(2) $\log_{10} 0.1$

【解】　(1) 0　　(2) -1

問 3.13 次の値を求めなさい.

(1) $\log_2 12 + \log_2 6 - \log_2 9$　　(2) $\log_5 50 - \log_5 4 + \log_5 10$

例 3.14 対数の基本性質 2 が成立することを確かめなさい.

【解】　$A = \log_a MN, B = \log_a M,\ C = \log_a N$ とおくと，$MN = a^A,\ M = a^B,\ N = a^C.$ $MN = (a^B)(a^C) = a^{B+C} = a^A$ であるから，両辺の指数を比較して，$B + C = A$ となる.

> **問 3.14** 対数の基本性質 3 が成立することを確かめなさい．

底の交換公式

a, b, c が正の数で，$a \neq 1$, $c \neq 1$ のとき，$\log_a b = \dfrac{\log_c b}{\log_c a}$ である

3.8.3 対数関数とグラフ

2 つの変数 x と y において，その対応関係が定数 $a(a > 0, a \neq 1)$ を用いて

$$y = \log_a x \quad (x > 0)$$

と表されるとき，y は a を**底**とする x の**対数関数**であるという．
3.7.2 節の指数法則より，$x = 1$ のときは，a の値によらず $y = 0$ となり，$x = a$ のときは，$y = 1$ であることがわかる．図 3.9 に対数関数のグラフを示す．

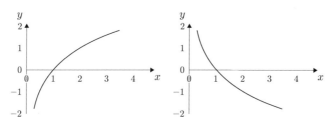

図 **3.9** 対数関数のグラフ（左：$y = \log_2 x$，右：$y = \log_{0.5} x$）

対数関数のグラフ

1. $y = \log_a x$ のグラフは，
   ($a > 1$ の場合)　右上りの曲線になる．
   ($0 < a < 1$ の場合)　右下りの曲線になる．
2. グラフは，点 $(1, 0), (a, 1)$ を通る．
3. y 軸は，漸近線になる．

3.9 三角関数

3.9.1 直角三角形の角度と辺の関係

直角三角形では，直角を除く1つの角度が決まれば，3辺の長さが決まる．

いま，図 3.10 のような直角三角形の最も長い辺を1とし，角度が θ で与えられたときの残りの辺の<u>長さ</u>を x, y とする．ここでは，θ は，$0 - 90°$ 未満の範囲であると考えておく．

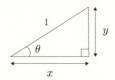

図 3.10 直角三角形（最も長い辺を1としている）

直角三角形の角度と辺の関係には，sin, cos, tan, csc, sec, cot の6つがあり，それぞれ正弦（サイン：sine）余弦（コサイン：cosine），正接（タンジェント：tangent）とそれらの逆数である余割（コセカント：cosecant），正割（セカント：secant），余接（コタンジェント：cotangent）を意味する．これらを用いて，角度 θ と辺の長さ x, y の間には，下記の6つの関係式が定義されている．

$$\sin\theta = y \qquad \cos\theta = x \qquad \tan\theta = \frac{\sin\theta}{\cos\theta} = \frac{y}{x}$$

$$\csc\theta = \frac{1}{\sin\theta} = \frac{1}{y} \qquad \sec\theta = \frac{1}{\cos\theta} = \frac{1}{x} \qquad \cot\theta = \frac{1}{\tan\theta} = \frac{x}{y}$$

3.9.2 三角関数とは，

直角三角形の角度の大きさと辺の長さ（これを1つの頂点の座標で表すのであるが）の関係を記述する関数の総称を**三角関数**という．従来の関数は，すべて直角に交わる x 軸と y 軸の座標を基準としていたが，三角関数は，必ずしも直角でない一般的な角度と辺の対応を表すものである．この関数は，波や電気信号，音の解析などに盛んに用いられる．

三角形は一般的に直角三角形にとどまらないので，角度 θ は一般的には，

図 3.11 に示すように，90° を超えて考える．すなわち，角度 θ は，反時計回りを正として，x 軸 ($x \geq 0$) となす角の大きさとして定義する．角度の単位は，ラジアン (rad と書く) を用いて表し，180° を π (rad) と表現する．180° = π (rad)，90° = $\frac{\pi}{2}$ (rad)，360° = 2π (rad) である．また，x, y は，辺の長さではなく，正負の値をとる三角形の一つの頂点の座標 (x, y) で表すことにする．

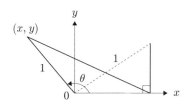

図 3.11　角度の定義と (x, y) 座標

このように定義した角度 θ (rad) と座標 (x, y) の間には，やはり 3.9.1 節の直角三角形において定義した 6 つの関係式が成立する．それぞれの関係式は，正弦関数，余弦関数，正接関数，余割関数，正割関数，余接関数と呼ばれ，これらを合わせて三角関数と総称される．

三角関数の 6 つの関数

（正弦関数）　$\sin \theta = y$　　　　　　（余弦関数）　$\cos \theta = x$

（正接関数）　$\tan \theta = \dfrac{\sin \theta}{\cos \theta} = \dfrac{y}{x}$

（余割関数）　$\csc \theta = \dfrac{1}{\sin \theta} = \dfrac{1}{y}$　　（正割関数）　$\sec \theta = \dfrac{1}{\cos \theta} = \dfrac{1}{x}$

（余接関数）　$\cot \theta = \dfrac{1}{\tan \theta} = \dfrac{x}{y}$

3.9.3　代表的な三角関数の値

表 3.1 は，代表的な角度とそのラジアンおよび三角関数の値を求めたものである．

64 第3章 さまざまな関数

表 3.1 代表的な三角関数の値

度(°)	0	30	45	60	90	120	135	150	180
rad	0	$\dfrac{\pi}{6}$	$\dfrac{\pi}{4}$	$\dfrac{\pi}{3}$	$\dfrac{\pi}{2}$	$\dfrac{2\pi}{3}$	$\dfrac{3\pi}{4}$	$\dfrac{5\pi}{6}$	π
$\sin\theta$	0	$\dfrac{1}{2}$	$\dfrac{\sqrt{2}}{2}$	$\dfrac{\sqrt{3}}{2}$	1	$\dfrac{\sqrt{3}}{2}$	$\dfrac{\sqrt{2}}{2}$	$\dfrac{1}{2}$	0
$\cos\theta$	1	$\dfrac{\sqrt{3}}{2}$	$\dfrac{\sqrt{2}}{2}$	$\dfrac{1}{2}$	0	$-\dfrac{1}{2}$	$-\dfrac{\sqrt{2}}{2}$	$-\dfrac{\sqrt{3}}{2}$	-1
$\tan\theta$	0	$\dfrac{\sqrt{3}}{3}$	1	$\sqrt{3}$	—	$-\sqrt{3}$	-1	$-\dfrac{\sqrt{3}}{3}$	0

3.9.4 三角関数における重要な公式

加法定理の公式

1. $\sin(\alpha \pm \beta) = \sin\alpha\cos\beta \pm \cos\alpha\sin\beta$ （符号同順）

2. $\cos(\alpha \pm \beta) = \cos\alpha\cos\beta \mp \sin\alpha\sin\beta$ （符号同順）

3. $\tan(\alpha \pm \beta) = \dfrac{\tan\alpha \pm \tan\beta}{1 \mp \tan\alpha\tan\beta}$ （符号同順）

2倍角・半角の公式

1. $\sin 2\alpha = 2\sin\alpha\cos\alpha$

2. $\cos 2\alpha = \cos^2\alpha - \sin^2\alpha = 1 - 2\sin^2\alpha = 2\cos^2\alpha - 1$

3. $\tan 2\alpha = \dfrac{2\tan\alpha}{1 - \tan^2\alpha}$

4. $\sin^2\dfrac{\alpha}{2} = \dfrac{1 - \cos\alpha}{2}$

5. $\cos^2\dfrac{\alpha}{2} = \dfrac{1 + \cos\alpha}{2}$

6. $\tan^2\dfrac{\alpha}{2} = \dfrac{1 - \cos\alpha}{1 + \cos\alpha}$

　加法定理において，$\beta = \alpha$ とおき，$\cos^2\alpha + \sin^2\alpha = 1$ を用いることで，2倍角・半角の公式を求めることができる．

例 3.15 　次の三角関数の値を求めなさい．

(1) $\sin 105°$ (2) $\cos 15°$

【解】 (1) $\sin 105° = \sin(45° + 60°) = \sin 45° \cos 60° + \cos 45° \sin 60°$

$$= \frac{\sqrt{2}}{2} \cdot \frac{1}{2} + \frac{\sqrt{2}}{2} \cdot \frac{\sqrt{3}}{2} = \frac{\sqrt{2} + \sqrt{6}}{4}$$

(2) $\cos^2 15° = \cos^2 \dfrac{30°}{2} = \dfrac{1 + \cos 30°}{2} = \dfrac{1 + \dfrac{\sqrt{3}}{2}}{2} = \dfrac{2 + \sqrt{3}}{4}$ より,

$$\cos 15° = \left(\frac{2 + \sqrt{3}}{4}\right)^{\frac{1}{2}} = \frac{\sqrt{6} + \sqrt{2}}{4}$$

問 3.15 次の三角関数の値を求めなさい.

(1) $\sin 75°$ (2) $\tan 75°$

積を和差に変換する公式

1. $\sin \alpha \cos \beta = \dfrac{1}{2}\{\sin(\alpha + \beta) + \sin(\alpha - \beta)\}$

2. $\cos \alpha \sin \beta = \dfrac{1}{2}\{\sin(\alpha + \beta) - \sin(\alpha - \beta)\}$

3. $\cos \alpha \cos \beta = \dfrac{1}{2}\{\cos(\alpha + \beta) + \cos(\alpha - \beta)\}$

4. $\sin \alpha \sin \beta = -\dfrac{1}{2}\{\cos(\alpha + \beta) - \cos(\alpha - \beta)\}$

三角関数の積を和差に変換する公式から,$\alpha = \dfrac{\alpha' + \beta'}{2}$,$\beta = \dfrac{\alpha' - \beta'}{2}$ とおいて変換すると次の和差を積に変換する公式を導くことができる.

和差を積に変換する公式

1. $\sin \alpha + \sin \beta = 2 \sin \dfrac{\alpha + \beta}{2} \cos \dfrac{\alpha - \beta}{2}$

2. $\sin \alpha - \sin \beta = 2 \cos \dfrac{\alpha + \beta}{2} \sin \dfrac{\alpha - \beta}{2}$

3. $\cos \alpha + \cos \beta = 2 \cos \dfrac{\alpha + \beta}{2} \cos \dfrac{\alpha - \beta}{2}$

4. $\cos \alpha - \cos \beta = -2 \sin \dfrac{\alpha + \beta}{2} \sin \dfrac{\alpha - \beta}{2}$

> **三角関数の合成公式**
>
> $$a\sin\theta + b\cos\theta = \sqrt{a^2+b^2}\sin(\theta+\alpha)$$
>
> ただし，$\sin\alpha = \dfrac{b}{\sqrt{a^2+b^2}}, \cos\alpha = \dfrac{a}{\sqrt{a^2+b^2}}, \tan\alpha = \dfrac{b}{a}$

3.10 多変数関数

従来は，2つの変数 x と y において，x の値が決まると，それに対応して y の値が定まるという関数を考えてきた．これに対して，3つの変数 x, y, z において，x と y の組 (x,y) の値が決まると，それに対応して z の値が定まるとき，z を2つの変数 x,y の **2変数関数** といい，

$$z = f(x,y)$$

と表す．2つ以上の変数を持つ関数を **多変数関数** といい，$u = f(x,y,z)$, $y = f(x_1, x_2, \cdots, x_n)$ などで表す．図 3.12 に1変数関数と多変数関数を示す．

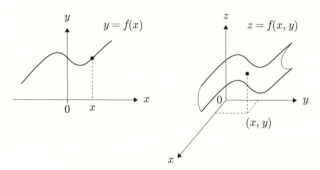

図 3.12 1変数関数と多変数関数

章末問題 *67*

第3章 章末問題

3.1
$2x^2 - 4x - 50 < 0$ を満たす整数 x は全部で何個か.

1　6個

2　7個

3　9個

4　11個

5　13個

［特別区Ⅰ・平成23年］

3.2
　ある商店には，1個120円で一日に780個売れる商品がある．この商品の単価を上げて売上額を増やしたいが，1円値上げをするごとに売上個数が3個減ってしまうことがわかっている．売上額が一番大きいときの金額はいくらか.

1　108,000円

2　108,150円

3　108,300円

4　108,450円

5　108,500円

［警視庁・平成23年］

3.3
　ある工場で2種類の製品A，Bが製造されており，製品1個当たりの人件費，原料費並びに製品を出荷する際の製品単価がそれぞれ表のとおりであるとする．人件費の上限は130万円，原料費の上限は220万円であるとき，製品A，Bの出荷額の合計の最大値はいくらか.

68 第3章 さまざまな関数

（単位：万円）

	人件費	原料費	製品単価
製品 A	3	4	12
製品 B	2	5	10

1　560万円

2　580万円

3　600万円

4　620万円

5　640万円

［国家I種・平成21年］

3.4

　次は，ある食堂の利益計算に関する記述であるが，AおよびBに当てはまるものの組合せとして正しいのはどれか．

　ある食堂では，メニューがザルソバとカレーライスだけであり，毎日，昼食時間帯にザルソバとカレーライスを合わせて100食だけ準備している．いま，気温とこの食堂の利益の関係について次のことがわかっている．

　　ア：ザルソバのみ100食準備すると，その日の正午の気温が25℃以上である場合には8万円の利益が上がるが，25℃未満である場合には1万円の赤字となる．

　　イ：カレーライスのみ100食準備すると，その日の正午の気温が25℃以上である場合には2万円の赤字となるが，25℃未満である場合には4万円の利益が上がる．

　このとき，気温にかかわらず，この食堂の最低限約束される利益が最大になるようにするには，毎日，ザルソバを（　A　）食，カレーライスを（　B　）食準備すればよい．

　ただし，ザルソバとカレーライスの1食当たりの利益または赤字は，食数にかかわらずそれぞれ一定であるものとする．

	A	B
1	0	100
2	20	80
3	40	60
4	60	40
5	80	20

[国税専門官・平成 10 年]

3.5

AB = 4 cm, BC = 5 cm, CA = 3 cm の三角形がある．この三角形に図のように長方形 PQRS を内接させる．長方形 PQRS の面積が最大となるときの辺 PQ の長さはいくらか．

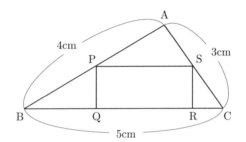

1. 1 cm
2. $\frac{6}{5}$ cm
3. $\frac{3\sqrt{3}}{4}$ cm
4. $\frac{3}{2}$ cm
5. $\frac{25}{12}$ cm

[国家一般職・平成 25 年]

3.6

図のような底辺の長さ a，高さ b の直角三角形がある．この直角三角形の斜

辺に頂点の1つを有し，横の長さがともに x である2つの長方形において，x が変化するとき，2つの長方形の面積の和の最大値として正しいのは次のどれか．

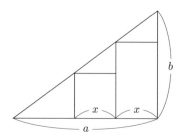

1　$\dfrac{1}{2}ab$

2　$\dfrac{1}{3}ab$

3　$\dfrac{a^2+b^2}{2(a+b)}$

4　$\dfrac{a^2+b^2}{3(a+b)}$

5　$\dfrac{a^2-ab+b^2}{2}$

[東京都Ⅰ・平成9年]

3.7

$3^{50}-3^{20}$ の1の位の数を求めよ．

1　4
2　5
3　6
4　7
5　8

[警視庁・平成16年]

3.8

A, B, C の3つの数は，$A=16^{10}$, $B=3\times 8^{12}$, $C=4^{17}\times 6^2$ である．

このとき A, B, C の大小の関係を表したものはどれか.

1 $A > B > C$

2 $A > C > B$

3 $B > A > C$

4 $B > C > A$

5 $C > A > B$

［警視庁・平成 22 年］

第4章

微分法と積分法

　微分・積分は私立大学文系には不要だと思われているかもしれない。しかし、一般に所得が増えると消費や貯蓄も増え、その増え方には所得の増分に対して消費や貯蓄の増分である限界消費性向や限界貯蓄性向として表現される場合がある。経済学ではこのように「限界」という言葉が用いられ、それらは微分の概念である。また、社会科学や心理学などでは統計的に分析することがあり、それらの背景には積分学がある。このように微分・積分は理系のみに限られたものでなく、広く用いられることを理解しておく必要がある。

4.1　関数の極限

　関数 $f(x)$ において、x が a でない値をとって限りなく a に近づくとき（$x \to a$ と表す）、$f(x)$ の値が一定の値 α に限りなく近づくなら、$x \to a$ のとき $f(x)$ は α に収束するといい、α を $x \to a$ のときの $f(x)$ の極限値という。これを

$$\lim_{x \to a} f(x) = \alpha$$

と表す。

　関数の極限値は数列の極限値と同様に次の性質が成り立つ。

74 第4章 微分法と積分法

性質

$\lim\limits_{x \to a} f(x) = \alpha,\ \lim\limits_{x \to a} g(x) = \beta$ ならば

（Ⅰ） k が定数のとき，$\lim\limits_{x \to a} kf(x) = k\alpha$

（Ⅱ） $\lim\limits_{x \to a} \{f(x) + g(x)\} = \alpha + \beta,\quad \lim\limits_{x \to a} \{f(x) - g(x)\} = \alpha - \beta$

（Ⅲ） $\lim\limits_{x \to a} f(x)g(x) = \alpha\beta$

（Ⅳ） $\beta \neq 0$ のとき，$\lim\limits_{x \to a} \dfrac{f(x)}{g(x)} = \dfrac{\alpha}{\beta}$

例 4.1 次の極限値を求めなさい.

(1) $\lim\limits_{x \to 3}(2x^2 + x - 1)$ (2) $\lim\limits_{x \to 1} \dfrac{x^2 - 3x + 2}{x^2 + 2x - 3}$ (3) $\lim\limits_{x \to 3} \dfrac{\sqrt{x - 2} - 1}{x - 3}$

【解】

(1) $\lim\limits_{x \to 3}(2x^2 + x - 1) = 2 \times 3^2 + 3 - 1 = 20$

(2) $\lim\limits_{x \to 1} \dfrac{x^2 - 3x + 2}{x^2 + 2x - 3} = \lim\limits_{x \to 1} \dfrac{(x - 1)(x - 2)}{(x + 3)(x - 1)} = \lim\limits_{x \to 1} \dfrac{x - 2}{x + 3} = -\dfrac{1}{4}$

(3) $\lim\limits_{x \to 3} \dfrac{\sqrt{x - 2} - 1}{x - 3} = \lim\limits_{x \to 3} \dfrac{(\sqrt{x - 2} - 1)(\sqrt{x - 2} + 1)}{(x - 3)(\sqrt{x - 2} + 1)}$

$\qquad\qquad\qquad\qquad = \lim\limits_{x \to 3} \dfrac{x - 3}{(x - 3)(\sqrt{x - 2} + 1)} = \dfrac{1}{2}$

問 4.1 次の極限値を求めなさい.

(1) $\lim\limits_{x \to -2} \dfrac{2x^2 + 3x - 2}{x^2 + 3x + 2}$ (2) $\lim\limits_{x \to 1} \dfrac{x - 1}{\sqrt{x} - 1}$

一般に変数 x が a より大きな値をとって限りなく a に近づくとき，関数 $f(x)$ の値が α に近づくなら α を**右側極限値**といい

$$\lim\limits_{x \to a+0} f(x) = \alpha$$

と表す. 同様に小さい方から近づくとき α を**左側極限値**といい

$$\lim_{x \to a-0} f(x) = \alpha$$

と表す．右側極限値と左側極限値が一致するとき，すなわち

$$\lim_{x \to a+0} f(x) = \lim_{x \to a-0} f(x) = \alpha$$

が成り立つとき極限値

$$\lim_{x \to a} f(x) = \alpha$$

が存在するという．

　三角関数に関しては次の公式が成り立つ．ここでは証明は省略する．

$$\lim_{\theta \to 0} \frac{\sin \theta}{\theta} = 1$$

4.2　微分法の基礎

4.2.1　微分係数と導関数

　関数 $y = f(x)$ において x の値が a から b まで変化するとき，x の増分 Δx $= b - a$ と y の増分 $\Delta y = f(b) - f(a)$ の比 $\dfrac{\Delta y}{\Delta x}$ を x が a から b まで変化するときの**平均変化率**という．

例 4.2　関数 $y = 2x^2$ の x の値が 1 から 2 まで変化するときの平均変化率は

$$\frac{\Delta y}{\Delta x} = \frac{2 \times 2^2 - 2 \times 1^2}{2 - 1} = 8 - 2 = 6$$

である．

問 4.2　関数 $y = x^2 + 2x - 1$ の x の値が 1 から 3 まで変化するときの平均変化率を求めなさい．

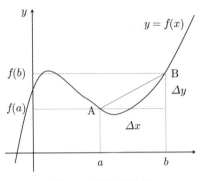

図 4.1 平均変化率

平均変化率で Δx をゼロに近づけるとき（すなわち，図 4.1 で点 B を点 A に近づけるとき），平均変化率の極限値が微分係数である．すなわち極限値

$$\lim_{\Delta x \to 0} \frac{f(a+\Delta x)-f(a)}{\Delta x}$$

が存在するとき，この極限値を $f(x)$ の $x=a$ における**微分係数**といい $f'(a)$ で表す．このとき $f(x)$ は $x=a$ において**微分可能である**という．

例 4.3 関数 $f(x)=|x|$ は $x=0$ で連続であるが，極限値は正の方向からの

$$\lim_{\Delta x \to +0} \frac{f(a+\Delta x)-f(a)}{\Delta x} = \lim_{\Delta x \to +0} \frac{|\Delta x|}{\Delta x} = \lim_{\Delta x \to +0} \frac{\Delta x}{\Delta x} = 1$$

および負の方向からの

$$\lim_{\Delta x \to -0} \frac{f(a+\Delta x)-f(a)}{\Delta x} = \lim_{\Delta x \to +0} \frac{|\Delta x|}{\Delta x} = \lim_{\Delta x \to +0} \frac{-\Delta x}{\Delta x} = -1$$

と，近づけ方によって異なるので極限値 $f'(0)$ は存在しない．

関数 $f(x)$ がある区間で微分可能であるとき，この区間に入る値に微分係数を対応させる関数を $f(x)$ の**導関数**といい $f'(x)$ で表す．すなわち

$$f'(x) = \lim_{\Delta x \to 0} \frac{f(x+\Delta x)-f(x)}{\Delta x}$$

関数 $f(x)$ から導関数 $f'(x)$ を求めることを**微分する**という．$y=f(x)$ の導

4.2 微分法の基礎 77

関数には他にも次のように書くこともある.

$$y', \quad \frac{dy}{dx}, \quad \frac{df(x)}{dx}, \quad \frac{d}{dx}f(x)$$

例 4.4　次の関数を定義に従って微分しなさい.

(1) $y = x^2$　　(2) $y = \dfrac{1}{x}$　　(3) $y = c$　（定数）

【解】

(1) $y' = \lim_{\Delta x \to 0} \dfrac{(x + \Delta x)^2 - x^2}{\Delta x} = \lim_{\Delta x \to 0} \dfrac{2(\Delta x)x + (\Delta x)^2}{\Delta x} = \lim_{\Delta x \to 0}(2x + \Delta x)$

　　$= 2x$

(2) $y' = \lim_{\Delta x \to 0} \dfrac{\dfrac{1}{x + \Delta x} - \dfrac{1}{x}}{\Delta x} = \lim_{\Delta x \to 0} \dfrac{x - (x + \Delta x)}{\Delta x(x + \Delta x)x} = \lim_{\Delta x \to 0} \dfrac{-1}{(x + \Delta x)x}$

　　$= -\dfrac{1}{x^2}$

(3) $y' = \lim_{\Delta x \to 0} \dfrac{c - c}{\Delta x} = 0$

一般に，n が整数のとき次の公式が成り立つ.

$$(x^n)' = nx^{n-1}$$

問 4.3　次の関数を定義に従って微分しなさい.

(1) $y = 2x^3$　　(2) $y = \dfrac{1}{x^2}$

4.2.2　微分法の公式

関数 $f(x), g(x)$ が微分可能であるとき次の公式が成り立つ.

（微分法の公式）

（Ⅰ）　k が定数のとき，$y = kf(x)$ ならば $y' = kf'(x)$ である.

（Ⅱ）　$y = f(x) + g(x)$ ならば $y' = f'(x) + g'(x)$ である.

　　　　$y = f(x) - g(x)$ ならば $y' = f'(x) - g'(x)$ である.

（Ⅲ）　$y = f(x)g(x)$ ならば $y' = f'(x)g(x) + f(x)g'(x)$ である.

(Ⅳ) $y = \dfrac{f(x)}{g(x)}$ ならば $y' = \dfrac{f'(x)g(x) - f(x)g'(x)}{\{g(x)\}^2}$ である.

とくに, $f(x) = 1$ なら, $f'(x) = 0$ だから

$y = \dfrac{1}{g(x)}$ ならば $y' = -\dfrac{g'(x)}{\{g(x)\}^2}$ である.

例 4.5 次の関数を微分しなさい.
(1) $y = 2x^3 + 3x$ (2) $y = (x^2 + 2x + 2)(2x^2 - 3x)$ (3) $y = \dfrac{3x - 2}{x^2 + 3}$

【解】
(1) $y' = (2x^3 + 3x)' = 2(x^3)' + 3x' = 2(3x^2) + 3 = 6x^2 + 3$

(2) $y' = (x^2 + 2x + 2)'(2x^2 - 3x) + (x^2 + 2x + 2)(2x^2 - 3x)'$
$= (2x + 2)(2x^2 - 3x) + (x^2 + 2x + 2)(4x - 3)$
$= 8x^3 + 3x^2 - 4x - 6$

(3) $y' = \dfrac{(3x - 2)'(x^2 + 3) - (3x - 2)(x^2 + 3)'}{(x^2 + 3)^2} = \dfrac{3(x^2 + 3) - 2x(3x - 2)}{(x^2 + 3)^2}$
$= \dfrac{-3x^2 + 4x + 9}{(x^2 + 3)^2}$

y が u の関数 $y = f(u)$ で, u が x の関数 $u = g(x)$ であるとき, x を y に対応させる関数 $y = f(g(x))$ を考える. この関数を $y = f(u)$ と $u = g(x)$ の**合成関数**という.

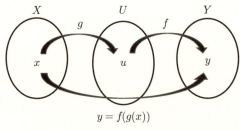

図 4.2 合成関数

4.2 微分法の基礎　79

2つの関数 $y = f(u)$ と $u = g(x)$ が微分可能であるとき，合成関数 $y = f(g(x))$ は微分可能で

$$\frac{dy}{dx} = \frac{dy}{du}\frac{du}{dx}$$

すなわち

$$y' = f'(g(x))g'(x) \qquad \text{(合成関数の導関数)}$$

である．

例 4.6　次の関数を微分しなさい．

(1) $y = (2x^2 + 3x - 1)^3$ 　　(2) $y = \dfrac{1}{(x^2 + x - 1)^2}$

【解】

(1) $y' = 3(2x^2 + 3x - 1)^2(2x^2 + 3x - 1)' = 3(2x^2 + 3x - 1)^2(4x + 3)$

(2) $y' = \dfrac{-2}{(x^2 + x - 1)^3}(x^2 + x - 1)' = -\dfrac{2(2x + 1)}{(x^2 + x - 1)^3}$

問 4.4　次の関数を微分しなさい．

(1) $y = (x + 3)^2(2x + 1)$ 　　(2) $y = \dfrac{1}{(x^3 + 2x - 1)^3}$

$f(x)$ の導関数がわかっているとき，$f(x)$ の逆関数 $g(x)$ の導関数を求める．$y = g(x)$ とすると $x = f(y)$ だから両辺を x で微分すると

$$1 = f'(y)y'$$

ゆえに

$$y' = \frac{1}{f'(y)} = \frac{1}{\dfrac{dx}{dy}} \qquad \text{(逆関数の導関数)}$$

である．

問 4.5　$y = \dfrac{1}{x^2}$ の導関数を用いて関数 $y = \dfrac{1}{\sqrt{x}}$ の導関数を求めなさい．

80 第4章 微分法と積分法

4.2.3 基本関数の導関数

ここで，さまざまな基本関数の導関数について述べる．

（Ⅰ） $(x^a)' = ax^{a-1}$ （a：有理数）

（証明） $a = \dfrac{m}{n}$ （m, n：整数，ただし $n > 0$）とすると，

$$y = x^{\frac{m}{n}}$$

$$y^n = x^m$$

両辺を x で微分すると $ny^{n-1}y' = mx^{m-1}$ となり，

$$y' = \frac{m}{n}x^{m-1}y^{1-n} = \frac{m}{n}x^{m-1}x^{\frac{m}{n}(1-n)} = \frac{m}{n}x^{\frac{m}{n}-1} = ax^{a-1}$$

（Ⅱ） $(e^x)' = e^x$

（証明） $f'(x) = \displaystyle\lim_{\Delta x \to 0} \frac{e^{x+\Delta x} - e^x}{\Delta x} = e^x \lim_{\Delta x \to 0} \frac{e^{\Delta x} - 1}{\Delta x} = e^x$

（Ⅲ） $(\log x)' = \dfrac{1}{x}$ （$x > 0$）

（証明） $y = \log x$ とすると $x = e^y$

$$\frac{dx}{dy} = e^y$$

逆関数の導関数より

$$\frac{dy}{dx} = \frac{1}{\dfrac{dx}{dy}} = \frac{1}{e^y} = \frac{1}{x}$$

（Ⅳ） $(\sin x)' = \cos x$ $\qquad (\cos x)' = -\sin x$ $\qquad (\tan x)' = \dfrac{1}{\cos^2 x}$

（証明） 三角関数の和を積に変換する公式より

$$(\sin x)' = \lim_{\Delta x \to 0} \frac{\sin(x + \Delta x) - \sin x}{\Delta x} = \lim_{\Delta x \to 0} \frac{2\cos\left(x + \dfrac{\Delta x}{2}\right)\sin\dfrac{\Delta x}{2}}{\Delta x}$$

$$= \lim_{\Delta x \to 0} \cos\left(x + \frac{\Delta x}{2}\right)\frac{\sin\dfrac{\Delta x}{2}}{\dfrac{\Delta x}{2}} = \cos x$$

$$(\cos x)' = \left(\sin\left(\frac{\pi}{2} + x\right)\right)' = \cos\left(\frac{\pi}{2} + x\right) = -\sin x$$

$$(\tan x)' = \left(\frac{\sin x}{\cos x}\right)' = \frac{(\sin x)' \cos x - \sin x (\cos x)'}{\cos^2 x} = \frac{\sin^2 x + \cos^2 x}{\cos^2 x}$$
$$= \frac{1}{\cos^2 x}$$

例 4.7 $(x^a)' = ax^{a-1}$ （a：実数）
（証明） $y = x^a$ とおくと

$$\log y = a \log x$$

となる．両辺を x で微分すると

$$\frac{y'}{y} = \frac{a}{x}$$

それゆえ

$$y' = \frac{ay}{x} = ax^{a-1}$$

となる．

例 4.7 は有理数で成り立っていた公式が，さらに広く実数でも成り立つことを示している．このように対数関数を用いて導関数を得る方法を**対数微分法**という．

例 4.8 $(a^x)' = a^x \log a$ （$a > 0$）
（証明） $y = a^x$ とおくと

$$\log y = x \log a$$

となる．両辺を x で微分すると

$$\frac{y'}{y} = \log a$$

それゆえ

$$y' = y \log a = a^x \log a$$

82　第 4 章　微分法と積分法

となる.

問 4.6　次の関数を微分しなさい.
(1)　$y = e^{-x}(x+3)^2$　　(2)　$y = \sin x^2$

4.2.4　高次導関数

　関数 $y = f(x)$ の導関数 $f'(x)$ が微分可能なら, もとの関数 $f(x)$ は 2 回微分可能であるといい, 導関数 $f'(x)$ をさらにもう 1 回微分した導関数 $(f'(x))'$ または $\dfrac{d}{dx}\left(\dfrac{dy}{dx}\right)$ を

$$f''(x) \quad \text{または} \quad \frac{d^2y}{dx^2}$$

と書き, 第 2 次導関数という. 第 2 次導関数 $f''(x)$ が微分可能なとき $f(x)$ は 3 回微分可能であるといい, その導関数を $f(x)$ の第 3 次導関数といい

$$f'''(x) \quad \text{または} \quad \frac{d^3y}{dx^3}$$

と書く. 一般に, 関数 $f(x)$ が n 回微分可能なら第 n 次導関数は

$$f^{(n)}(x) \quad \text{または} \quad \frac{d^ny}{dx^n}$$

と書く.

例 4.9　$y = \sin 2x$ の第 3 次までの導関数を求めなさい.
【解】

$$y' = 2\cos 2x, \quad y'' = -4\sin 2x, \quad y''' = -8\cos 2x$$

例 4.10　$y = a^x$ の第 n 次導関数を求めなさい.
【解】
例 4.8 より $(a^x)' = a^x \log a$ であるから, $y^{(n)} = a^x(\log a)^n$ である.

4.3 微分法の応用   83

問 4.7   次の関数の第 n 次導関数を求めなさい.

(1) $y = \sin x$ (2) $y = x^a$

4.3 微分法の応用

4.3.1 接線と法線

関数 $y = f(x)$ が微分可能なとき,曲線 $y = f(x)$ 上の点 $A(a, f(a))$ における接線の方程式は

$$y - f(a) = f'(a)(x - a)$$

である.ここで,$f'(a) \neq 0$ のとき,点 A を通りこの接線と垂直な直線の方程式は

$$y - f(a) = -\frac{1}{f'(a)}(x - a)$$

であるが,これを曲線 $y = f(x)$ の点 A における法線という.

例 4.11   曲線 $y = \sqrt{x}$ 上の点 $(4,2)$ における接線の方程式を求めなさい.また,同じ点 $(4,2)$ を通る法線の方程式を求めなさい.

【解】

$y' = \dfrac{1}{2\sqrt{x}}$ であるから点 $(4,2)$ における接線の傾きは $\dfrac{1}{4}$ である.接線の方程式は

$$y - 2 = \frac{1}{4}(x - 4) \quad \text{すなわち} \quad y = \frac{1}{4}x + 1$$

である.法線の方程式は

$$y - 2 = -4(x - 4) \quad \text{すなわち} \quad y = -4x + 18$$

である.

問 4.8   曲線 $y = \log x$ の点 $(e, 1)$ における接線の方程式を求めなさい.

84   第4章 微分法と積分法

4.3.2 関数の増減と極大・極小

関数 $f(x)$ がある区間で増加するとは，その区間の任意の2つの値 x_1, x_2 に対して

$$x_1 < x_2 \quad \text{ならば} \quad f(x_1) < f(x_2)$$

が成り立つことである．同様に，関数 $f(x)$ がある区間で減少するとは，その区間の任意の2つの値 x_1, x_2 に対して

$$x_1 < x_2 \quad \text{ならば} \quad f(x_1) > f(x_2)$$

が成り立つことである．

$f'(x)$ の符号と $f(x)$ の増減には次の関係がある．

性質1 関数の増減

[I] $f'(x) > 0$ である区間では，$f(x)$ は増加する．

[II] $f'(x) < 0$ である区間では，$f(x)$ は減少する．

$\boxed{\text{例 4.12}}$ $f(x) = \log x$ の導関数は $f'(x) = \dfrac{1}{x}$ であるから，$x > 0$ のとき $f'(x) > 0$ となるので，$f(x)$ は $x > 0$ で増加する．

$\boxed{\text{例 4.13}}$ $f(x) = -x^3 + 3x^2 - 4x + 1$ の導関数は

$$f'(x) = -3x^2 + 6x - 4 = -3(x-1)^2 - 1 < 0$$

であるから，$f(x)$ は常に単調に減少する．

関数 $f(x)$ が $x = a$ の十分近くの a 以外のすべての x に対して $f(x) < f(a)$ が成り立つとき，$f(x)$ は $x = a$ で極大になるといい $f(a)$ を極大値という．また，$x = a$ の十分近くの a 以外のすべての x に対して $f(x) > f(a)$ が成り立つとき，$f(x)$ は $x = a$ で極小になるといい $f(a)$ を極小値という．極大値と極小値を合わせて極値という．

次の定理は関数 $f(x)$ が極値を取るための判定方法を与える．

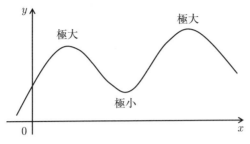

図 4.3　極大と極小

性質 2　極値の判定
　関数 $f(x)$ が連続な第 2 次導関数 $f''(x)$ をもつとき
(1) $f'(a) = 0, f''(a) > 0$ ならば，$f(x)$ は $x = a$ で極小となり，
(2) $f'(a) = 0, f''(a) < 0$ ならば，$f(x)$ は $x = a$ で極大となる．

　$f'(a) = 0, f''(a) = 0$ のときは関数 $f(x)$ は $x = a$ で極値をとることもとらないこともある．例えば，$f(x) = x^3$ は $x = 0$ で $f'(0) = f''(0) = 0$ となり，$x = 0$ で極値をとらないが，$f(x) = x^4$ は $x = 0$ で $f'(0) = f''(0) = 0$ となり，$x = 0$ で極小値をとる．

例 4.14　関数 $f(x) = x^2 e^x$ の極値を求めなさい．
【解】　　$f'(x) = 2xe^x + x^2 e^x = x(x+2)e^x$
$$f''(x) = (2x+2)e^x + x(x+2)e^x = (x^2 + 4x + 2)e^x$$
$f'(x) = 0$ より極値をとる候補は $x = 0, -2$ である．
$x = 0$ では $f''(0) = 2e^0 = 2 > 0$ となる．よって，$x = 0$ で極小値 $f(0) = 0$ をとる．
$x = -2$ では $f''(-2) = -2e^{-2} < 0$ となる．よって，$x = -2$ で極大値 $f(-2) = 4e^{-2}$ をとる．

　閉区間 $[a, b]$ で定義された関数 $f(x)$ のグラフが図 4.4 のようであるとする．この関数は $x = c$ で極大値，$x = d$ で極小値をとる．また，閉区間 $[a, b]$ における関数 $f(x)$ の最大値は $f(b)$ であり，最小値は $f(d)$ である．
　このように，極大値，極小値は必ずしも最大値，最小値ではない．一般に，

表 4.1 関数 $f(x) = x^2 e^x$ の増減表

x	$\cdots$	-2	$\cdots$	0	$\cdots$
$f'(x)$	$+$	0	$-$	0	$+$
$f''(x)$		$-$		$+$	
$f(x)$	↗	$4e^{-2}$ 極大	↘	0 極小	↗

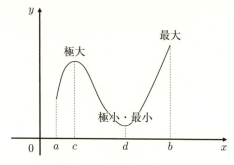

図 4.4　最大値と最小値

閉区間で定義された関数の最大値，最小値は極大値，極小値と区間の両端における関数の値を比べて求めることができる．

例 4.15 関数 $f(x) = x^3 - 3x^2 - 9x + 1$ の区間 $[-4, 4]$ における最大値，最小値を求めなさい．

【解】
$$f'(x) = 3x^2 - 6x - 9 = 3(x^2 - 2x - 3) = 3(x+1)(x-3) = 0$$
より，極値をとる候補は $x = -1, 3$ である．
$$f''(x) = 6x - 6 \text{ より } f''(-1) = -12 < 0, \ f''(3) = 12 > 0$$
であるので関数の増減表は次のようになる．

x	-4	$\cdots$	-1	$\cdots$	3	$\cdots$	4
$f'(x)$		$+$	0	$-$	0	$+$	
$f''(x)$			$-$		$+$		
$f(x)$	-75	$\nearrow$	6 極大	$\searrow$	-26 極小	$\nearrow$	-19

よって，$x = -4$ のときに最小値 -75 をとり，$x = -1$ のときに最大値 6 をとる．

問 4.9 関数 $f(x) = x^4 - 4x^3 + 1$ の区間 $[-1, 4]$ における最大値，最小値を求めなさい．

4.4 積分法の基礎

4.4.1 不定積分

ある区間で定義された関数 $f(x)$ に対して

$$F'(x) = f(x)$$

となるような $F(x)$ を $f(x)$ の**不定積分**または**原始関数**といい

$$\int f(x)dx$$

で表す．すなわち

$$\frac{d}{dx}\int f(x)dx = f(x)$$

である．$f(x)$ の不定積分の 1 つを $F(x)$ とすると，任意の不定積分は定数 C を用いて $F(x) + C$ の形で表される．すなわち

$$\int f(x)dx = F(x) + C$$

である．ここで，C を**積分定数**という．また，$f(x)$ の不定積分を求めること

88   第4章 微分法と積分法

を $f(x)$ を積分するという.

微分法の公式と同様に次の公式が成り立つ.

不定積分の公式1

（ I ） $\displaystyle\int kf(x)dx = k\int f(x)dx$ （ただし, k は定数）

（ II ） $\displaystyle\int \{f(x)+g(x)\}dx = \int f(x)dx + \int g(x)dx$

$\displaystyle\int \{f(x)-g(x)\}dx = \int f(x)dx - \int g(x)dx$

微分法と同様に微分法の公式を用いて基本関数に関して次の不定積分の公式が得られる.

不定積分の公式2

（ I ） $\displaystyle\int x^{\alpha}dx = \frac{x^{\alpha+1}}{\alpha+1} + C$ （ただし, $\alpha \neq -1$）

（ II ） $\displaystyle\int \frac{1}{x}dx = \log|x| + C$

（ III ） $\displaystyle\int e^x dx = e^x + C$

（ IV ） $\displaystyle\int \sin x dx = -\cos x + C$

（ V ） $\displaystyle\int \cos x dx = \sin x + C$

（ VI ） $\displaystyle\int \frac{dx}{\cos^2 x} = \tan x + C$

例 4.16   次の不定積分を求めなさい.

(1) $\displaystyle\int \sqrt[3]{x^2}dx$ (2) $\displaystyle\int \tan^2 x dx$

4.4 積分法の基礎 89

【解】

(1) $\sqrt[3]{x^2} = x^{\frac{2}{3}}$ より

$$\int \sqrt[3]{x^2}dx = \int x^{\frac{2}{3}}dx = \frac{3}{5}x^{\frac{5}{3}} + C = \frac{3}{5}\sqrt[3]{x^5} + C$$

(2) $1 + \tan^2 x = \dfrac{1}{\cos^2 x}$ より

$$\int \tan^2 xdx = \int \left(\frac{1}{\cos^2 x} - 1\right)dx = \tan x - x + C$$

関数 $F(x)$ において $x = g(t)$ と置くと, $F(x) = F(g(t))$ は t の関数となる. これを t について微分すると

$$\frac{d}{dt}F(x) = \frac{d}{dt}F(g(t)) = F'(g(t))g'(t) = f(g(t))g'(t)$$

となり, これより

$$F(x) = \int f(g(t))g'(t)dt$$

となる. これを**置換積分法**という.

例 4.17 | 置換積分法を用いて次の不定積分を求めなさい.

(1) $\displaystyle\int (2x + 5)^3 dx$　　(2) $\displaystyle\int \sin^2 x \cos x dx$

【解】

(1) $t = 2x + 5$ とおくと

$$\int (2x + 5)^3 dx = \int t^3 \cdot \frac{1}{2}dt = \frac{1}{8}t^4 + C = \frac{1}{8}(2x + 5)^4 + C$$

(2) $t = \sin x$ とおくと

$$\int \sin^2 x \cos x dx = \int t^2 dt = \frac{1}{3}t^3 + C = \frac{1}{3}\sin^3 x + C$$

関数の積の導関数について次の公式が成り立つ.

$$\{f(x)g(x)\}' = f'(x)g(x) + f(x)g'(x)$$

これより

90   第4章 微分法と積分法

$$f(x)g(x) = \int f'(x)g(x)dx + \int f(x)g'(x)dx$$

となり，これから次の**部分積分法**の公式が得られる．

部分積分法の公式

$$\int f'(x)g(x)dx = f(x)g(x) - \int f(x)g'(x)dx$$

例 4.18 部分積分法を用いて次の不定積分を求めなさい．

(1) $\displaystyle\int xe^x dx$ (2) $\displaystyle\int \log x dx$

【解】

(1) $f(x) = e^x, g(x) = x$ とし，$f'(x) = e^x, g'(x) = 1$ により部分積分法を用いると

$$\int xe^x dx = \int (e^x)' x dx = xe^x - \int e^x dx = xe^x - e^x + C = (x-1)e^x + C$$

(2) $f(x) = x, g(x) = \log x$ とし，$f'(x) = 1, g'(x) = \dfrac{1}{x}$ により部分積分法を用いると

$$\int \log x dx = \int (x)' \log x dx = x\log x - \int dx = x\log x - x + C$$
$$= (\log x - 1)x + C$$

問 4.10 次の不定積分を求めなさい．

(1) $\displaystyle\int \frac{\sin x}{\cos^3 x} dx$ (2) $\displaystyle\int x\cos x dx$

4.4.2 定積分

ある区間で定義された関数 $f(x)$ の不定積分の1つを $F(x)$ とするとき，こ

の区間の 2 つの実数値 a, b に対して $F(a) - F(b)$ を $f(x)$ の a から b までの**定積分**といい

$$\int_a^b f(x)dx$$

と表す．ここで，a を積分の**下端**，b を**上端**という．$F(b) - F(a)$ を

$$[F(x)]_a^b$$

で表し，それを求めることを関数 $f(x)$ を **a から b まで積分する**という．以上をまとめると，

$$\int_a^b f(x)dx = [F(x)]_a^b = F(b) - F(a)$$

である．

とくに，区間 $[a, b]$ において常に $f(x) \geq 0$ であるとき，定積分

$$\int_a^b f(x)dx$$

は $y = f(x)$ と x 軸，および 2 つの直線 $x = a, x = b$ で囲まれた図形の面積 S に等しい．

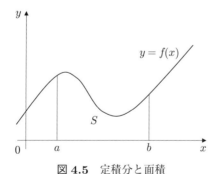

図 4.5　定積分と面積

例 4.19　次の定積分を求めなさい．

(1) $\displaystyle\int_1^3 x\sqrt{x}\,dx$　　(2) $\displaystyle\int_0^{\frac{\pi}{4}} \cos 2\theta\, d\theta$

92　第 4 章　微分法と積分法

【解】

(1) $\displaystyle\int_1^3 x\sqrt{x}\,dx = \int_1^3 x^{\frac{3}{2}}\,dx = \left[\frac{2}{5}x^{\frac{5}{2}}\right]_1^3 = \frac{2}{5}\left(3^{\frac{5}{2}}-1\right) = \frac{2}{5}\left(9\sqrt{3}-1\right)$

(2) $\displaystyle\int_0^{\frac{\pi}{4}} \cos 2\theta\,d\theta = \left[\frac{\sin 2\theta}{2}\right]_0^{\frac{\pi}{4}} = \frac{\sin\frac{\pi}{2}}{2} - \frac{\sin 0}{2} = \frac{1}{2}$

定積分に関しては不定積分の公式に加え，さらに次のような性質がある．

性質 1　定積分の公式

（Ⅰ）　$\displaystyle\int_a^b f(x)dx = -\int_b^a f(x)dx, \quad \int_a^a f(x)dx = 0$

（Ⅱ）　$\displaystyle\int_a^b f(x)dx = \int_a^c f(x)dx + \int_c^b f(x)dx$

（Ⅲ）　$\displaystyle\frac{d}{dx}\int_a^x f(t)dt = f(x)$

（Ⅲ）は $\displaystyle\int_a^x f(t)dt$ が $f(x)$ の 1 つの不定積分であることを示している．

例 4.20　次の定積分を求めなさい．

(1) $\displaystyle\int_{-1}^3 |e^x - 1|dx$　　(2) $\displaystyle\int_{-3}^2 x^2 dx - \int_{-3}^1 x^2 dx$

【解】

(1) $x < 0$ のとき $|e^x - 1| = -(e^x - 1)$，$x \geq 0$ のとき $|e^x - 1| = e^x - 1$ であるから

$$\int_{-1}^3 |e^x - 1|dx = -\int_{-1}^0 (e^x - 1)dx + \int_0^3 (e^x - 1)dx$$

$$= -[e^x - x]_{-1}^0 + [e^x - x]_0^3$$

$$= -(1 - e^{-1} - 1) + (e^3 - 3 - 1)$$

$$= e^3 + \frac{1}{e} - 4$$

4.4 積分法の基礎　93

$$(2) \int_{-3}^{2} x^2 dx - \int_{-3}^{1} x^2 dx = \int_{-3}^{2} x^2 dx + \int_{1}^{-3} x^2 dx = \int_{1}^{2} x^2 dx = \left[\frac{x^3}{3}\right]_{1}^{2}$$

$$= \frac{2^3 - 1^3}{3} = \frac{7}{3}$$

　不定積分の計算方法として置換積分法と部分積分法を学んだ. 定積分の場合には以下に述べる形となる.

　連続な関数 $f(x)$ に対して $x = \varphi(t)$ と置くと, t が $\alpha \to \beta$ と変化するのに対応して $a \to b$ と変化するなら定積分の置換積分法は次のように表される.

定積分の置換積分法

$$\int_{a}^{b} f(x)dx = \int_{\alpha}^{\beta} f(\varphi(t))\varphi'(t)dt$$

例 4.21　次の定積分を求めなさい.

$$I = \int_{0}^{a} \sqrt{a^2 - x^2}\, dx \quad (a > 0)$$

【解】　$x = a\sin t$ と置くと $dx = a\cos t\, dt$ であり, t が $0 \to \frac{\pi}{2}$ と変化するのに対応し $0 \to a$ と変化する. この範囲の t に対して $\cos t \geq 0$ であるから

$$\sqrt{a^2 - x^2} = \sqrt{a^2 - a^2 \sin^2 t} = a\sqrt{\cos^2 t} = a\cos t$$

これより

$$I = \int_{0}^{\frac{\pi}{2}} a\cos t\, a\cos t\, dt = a^2 \int_{0}^{\frac{\pi}{2}} \cos^2 t\, dt = a^2 \int_{0}^{\frac{\pi}{2}} \frac{1 + \cos 2t}{2} dt$$

$$= \frac{a^2}{2}\left[t + \frac{\sin 2t}{2}\right]_{0}^{\frac{\pi}{2}} = \frac{\pi a^2}{4}$$

となる.

94   第4章　微分法と積分法

$[a, b]$ で $f'(x), g(x)$ が連続で，$g(x)$ の1つの原始関数を $G(x)$ とすれば，定積分の部分積分法は

$$\int_a^b f(x)g(x)dx = [f(x)G(x)]_a^b - \int_a^b f'(x)G(x)dx$$

である．

例 4.22   次の定積分を求めなさい．

$$I = \int_0^1 xe^{-x}dx$$

【解】

$$I = \int_0^1 xe^{-x}dx = \left[-xe^{-x}\right]_0^1 - \int_0^1 (-e^{-x})dx = -e^{-1} + 1 - e^{-1} = 1 - \frac{2}{e}$$

$f(x) = x^2$ や $f(x) = \cos x$ のように

$$f(-x) = f(x)$$

を満たす関数を偶関数といい，$f(x) = x^3$ や $f(x) = \sin x$ のように

$$f(-x) = -f(x)$$

を満たす関数を奇関数という．偶関数と奇関数の特殊な場合の定積分については次の性質がある．

性質 2　偶関数と奇関数

(1) $f(x)$ が偶関数のとき

$$\int_{-a}^a f(x)dx = 2\int_0^a f(x)dx$$

(2) $f(x)$ が奇関数のとき

$$\int_{-a}^a f(x)dx = 0$$

4.5 積分法の応用 95

が成り立つ.

問 4.11 次の定積分を求めなさい.

(1) $\displaystyle\int_0^{\frac{\pi}{4}} \cos^3 x\,dx$ (2) $\displaystyle\int_0^1 x^2 e^{-x}\,dx$

4.5 積分法の応用

積分法の応用としては,面積,体積,曲線の長さなどいろいろなものがあるが,これらは特に定積分の応用である.

4.5.1 面積と体積

面積については定積分のところでも触れたが,ここではもう少し詳しく述べる.今,2つの曲線 $y = f(x), y = g(x)$ がある区間 $[a, b]$ で $f(x) \geq g(x)$ であるとき,これら2つの曲線と2つの直線 $x = a, x = b$ で囲まれた部分の面積は

$$S = \int_a^b \{f(x) - g(x)\}dx$$

である.

例 4.23 曲線 $y = x^3 - x^2 - 2x$ と x 軸で囲まれた部分の面積を求めなさい.

【解】 $x^3 - x^2 - 2x = x(x+1)(x-2)$ であるから曲線と x 軸の交点の x 座標は $x = -1, 0, 2$ となる.

このとき,曲線 $y = x^3 - x^2 - 2x$ と x 軸で囲まれた部分の面積は

$$S = \int_{-1}^0 (x^3 - x^2 - 2x)dx + \int_0^2 \{-(x^3 - x^2 - 2x)\}dx$$

$$= \left[\frac{x^4}{4} - \frac{x^3}{3} - x^2\right]_{-1}^0 - \left[\frac{x^4}{4} - \frac{x^3}{3} - x^2\right]_0^2$$

$$= -\left(\frac{1}{4} + \frac{1}{3} - 1\right) - \left(4 - \frac{8}{3} - 4\right) = \frac{37}{12}$$

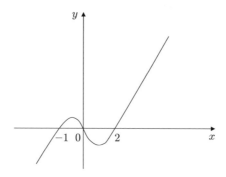

図 4.6 曲線が囲む図形の面積

> **回転体の体積**
>
> $f(x)$ は連続とする.曲線 $y = f(x)$ と 2 直線 $y = a, y = b$ および x 軸で囲まれる部分を x 軸のまわりに回転してできる**回転体の体積**は
> $$V = \pi \int_a^b f(x)^2 dx$$
> である.

例 4.24 半径 a の球の体積を求めなさい.

【解】 半円 $y = \sqrt{a^2 - x^2}$ と x 軸で囲まれる部分を x 軸のまわりに回転すると半径 a の球ができるので

$$V = \pi \int_{-a}^{a} \left(\sqrt{a^2 - x^2}\right)^2 dx = \pi \int_{-a}^{a} (a^2 - x^2) dx = 2\pi \left[a^2 x - \frac{x^3}{3}\right]_0^a = \frac{4\pi a^3}{3}$$

である.

問 4.12 2 つの曲線 $y = \sin x \ (0 \leq x \leq \pi)$ と $y = \sin 2x \ (0 \leq x \leq \pi)$ で囲まれる部分の面積を求めなさい.

4.5.2 広義の積分

これまで定積分は有限区間 $[a, b]$ で考えてきたが,無限区間 $[a, \infty)$ で考える

ときは，$[a, K]$ における定積分を考え，$K \to \infty$ のときの極限値が存在するとき，それを $f(x)$ の $[a, \infty)$ における定積分と定義する．すなわち

$$\int_a^\infty f(x)dx = \lim_{K \to \infty} \int_a^K f(x)dx$$

同様にして右辺の極限値が存在するなら

$$\int_{-\infty}^b f(x)dx = \lim_{L \to -\infty} \int_L^b f(x)dx$$

$$\int_{-\infty}^\infty f(x)dx = \lim_{\substack{K \to \infty \\ L \to -\infty}} \int_L^K f(x)dx$$

$\boxed{\text{例 4.25}}$ 次の広義の積分を求めなさい．

$$I = \int_0^\infty e^{-3x}dx$$

【解】

$$I = \int_0^\infty e^{-3x}dx = \lim_{K \to \infty} \int_0^K e^{-3x}dx = \lim_{K \to \infty} \left[\frac{e^{-3x}}{-3}\right]_0^K = \lim_{K \to \infty} \left(\frac{1 - e^{-3K}}{3}\right)$$
$$= \frac{1}{3}$$

4.6 偏微分法

2 変数 x, y の値に応じて，もう 1 つの変数 z の値が定まるとき

$$z = f(x, y)$$

と表す．3 変数以上のときも同様で，一般に n 変数 $x_1, x_2, \cdots, x_n$ に対して 1 つの変数 y の値が定まるとき

$$y = f(x_1, x_2, \cdots, x_n)$$

と表す．以下では簡単のために 2 変数の関数を考える．2 変数以上の関数を**多変数の関数**という．

2変数x, yの値に応じて，変数zの値が定まるのであるから，点$(x, y, f(x, y))$はx, y, z3つの座標軸で表される空間の中で曲面を形成する．そこで$z = f(x, y)$のグラフである曲面も$z = f(x, y)$ということもある．

2変数の関数$z = f(x, y)$において，xy平面上の点(x, y)が1つの定点(a, b)に限りなく近づくとき，関数値$f(x, y)$が限りなく1つの値αに近づくなら

$$\lim_{(x, y) \to (a, b)} f(x, y) = \alpha$$

と書いて，(x, y)が(a, b)に近づくとき$f(x, y)$の極限値はαである（すなわち，$f(x, y)$はαに収束する）という．xがaに近づくときは大きい方から近づく，あるいは小さい方から近づくという2通りであったが，(x, y)が(a, b)に近づくときは図4.7のように近づき方は無数にある．極限値が存在するということは，これらすべての方向から近づいたときに同じ値αに近づくということである．このとき$f(x, y)$はαに収束するのである．

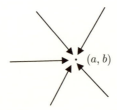

図 4.7 2変数関数の点(a, b)への近づき方

1変数関数の微分では変数を少し動かしたときの関数の変化の割合を表していた．2変数関数$f(x, y)$において，$y = b$（一定）とすると関数は$f(x, b)$の1変数xのみの関数となる．$x = a$と固定した場合も同様で，特定の1つの変数を動かしたときの関数$f(x, y)$の変化の割合を考えれば良い．この1変数を固定した残りの1変数関数が微分可能であるとき偏微分可能であるという．すなわち，2変数関数の特定の変数に注目し，他方の変数を固定して，注目する変数で微分することを，この変数について**偏微分**するという．

いま，(a, b)において，xに関する偏微分係数を$f_x(a, b)$と表す．すなわち

$$f_x(a,b) = \lim_{\Delta x \to 0} \frac{f(a+\Delta x, b) - f(a,b)}{\Delta x}$$

で，(a,b) への近づき方は x 軸と平行に近づく．同様に y に関する偏微分係数を $f_x(a,b)$ と表す．すなわち

$$f_y(a,b) = \lim_{\Delta y \to 0} \frac{f(a, b+\Delta y) - f(a,b)}{\Delta y}$$

で，(a,b) への近づき方は y 軸と平行に近づく．

関数 $z = f(x,y)$ が領域 D で偏微分可能のとき，x に関して偏微分したものを x に関する**偏導関数**といい

$$f_x(a,b), \quad z_x, \quad \frac{\partial z}{\partial x}, \quad \frac{\partial f}{\partial x}, \quad \frac{\partial}{\partial x}f(x,y)$$

と表す．また，y に関する偏導関数は

$$f_y(a,b), \quad z_y, \quad \frac{\partial z}{\partial y}, \quad \frac{\partial f}{\partial y}, \quad \frac{\partial}{\partial y}f(x,y)$$

と表す．ここで用いられている記号「∂」は，ギリシャ文字 δ（デルタ）に由来する記号で「ラウンド・ディー」と呼ぶ．

偏導関数を求めることが偏微分するということである．x に関する偏導関数を求めることを x で（偏）微分するといい，y に関する偏導関数を求めることを y で（偏）微分するという．

例 4.26 $z = x^2 + 2xy - 2y^2$ のとき $z_x = 2x + 2y, z_y = 2x - 4y$ である．

問 4.13 次の関数を偏微分しなさい．

(1) $z = \dfrac{x}{x-y}$ (2) $z = e^{x+y}\cos y$

100 第4章 微分法と積分法

第4章 章末問題

4.1

曲線 $y = -4x^3 + 8x^2 + x - 2$ の $x = 1$ における接線の傾きはいくらか.

1　5

2　3

3　1

4　-4

5　-8

[国家Ⅲ種・平成13年]

4.2

$x(2x - 1)^2$ を微分したものとして正しいのはどれか.

1　$12x^3 - 8x^2 + x$

2　$3x^3 - 2x^2 + x$

3　$12x^2 - 8x + 1$

4　$3x^2 - 2x + 1$

5　$3x - 2$

[国家Ⅲ種・平成13年]

4.3

関数 $y = 3x^3 - ax^2 - 3bx$ が $x = -1$ で極大値を, $x = 3$ で極小値をとるとき, a, b の値として正しいのはどれか.

	a	b
1	3	3
2	3	9
3	9	3
4	9	9
5	12	3

[地方上級・平成20年]

章末問題　　*101*

4.4

3 次関数 $f(x) = ax^3 + bx^2 + cx + 7$ が，$x = -3$，2 で極値をとり，$f'(0) = -36$ を満たすように，定数 a，b，c を求める．このとき，$f(x)$ の極小値はいくらか．

1　-17

2　-27

3　-37

4　-47

5　-57

[国家一般職・平成 24 年]

4.5

関数 $f(x) = x^2 e^{-x}$ の極大値はどれか．

1　$3e^{-\sqrt{3}}$

2　$2e^{-\sqrt{2}}$

3　e^{-1}

4　$4e^{-2}$

5　$\dfrac{1}{4}e^{-\frac{1}{2}}$

[地方上級・平成 25 年]

4.6

曲線 $y = x^3 + 5x^2 + 1$ と直線 $y = 2x - 3$，$x = 0$ 及び $x = 4$ で囲まれた部分の面積を表したものとして正しいのはどれか．

1　$\displaystyle\int_0^4 (x^3 + 3x + 4)dx$

2　$\displaystyle\int_0^4 (x^3 + 4x - 2)dx$

3　$\displaystyle\int_0^4 (x^3 + 7x - 2)dx$

102   第 4 章　微分法と積分法

4 $\displaystyle\int_0^4 (2x^3 - 3x + 2)dx$

5 $\displaystyle\int_0^4 (2x^3 + 4x - 2)dx$

[国家Ⅲ種・平成 13 年]

4.7

xy 平面上において，曲線 $y = x^2$，直線 $y = 3x$ で囲まれる部分の面積として正しいのはどれか.

1 2

2 $\dfrac{5}{2}$

3 3

4 $\dfrac{9}{2}$

5 $\dfrac{11}{2}$

[国家Ⅲ種・平成 13 年]

4.8

定積分 $\displaystyle\int_{-2}^{2} (-x^3 + x^2 - 4x)dx$ はいくらか.

1 $\dfrac{17}{4}$

2 $\dfrac{14}{3}$

3 $\dfrac{19}{4}$

4 $\dfrac{21}{4}$

5 $\dfrac{16}{3}$

[国家Ⅲ種・平成 13 年]

4.9

定積分 $\displaystyle\int_{-1}^{1} |e^x - 1|dx$ の値はいくらか.

1 $e + \dfrac{1}{e} - 2$

2 $e + \dfrac{2}{e} - 2$

3 $2e + \dfrac{1}{e} - 2$

4 $2e + \dfrac{2}{e} - 1$

5 $2e + \dfrac{2}{e} - 2$

[国家 II 種・平成 22 年]

第5章

ベクトルと行列

　数字は，"2" や "6.5" など単独の数値として扱う場合もあれば，表のように縦と横に数値を並べたものを1つのかたまりとして扱う場合もある．実際に企業の中では，商店における月別の売上数と売上金額や，工場における月別製品別の生産数を1つのかたまりとして扱うことがある．これらのかたまりは行列と呼ばれ，行列に関するさまざまな基本性質を理解しておくことが必要である．

5.1　ベクトルとその演算

　ベクトルとは，向きと大きさをもつ量のことである．ベクトルは，平面上や空間内の矢印を用いて表すことができる．例えば，原点 $O(0,0)$ を始点として，$P(3,4)$ を終点とするベクトルは $\overrightarrow{\mathrm{OP}}$，または $\vec{p}$ で表す（図 5.1 参照）．

$$\vec{p} = \begin{pmatrix} 3 \\ 4 \end{pmatrix}$$

これは，ベクトルの成分表示と呼ばれ，それぞれの値を**成分**と呼ぶ．
　そして，このベクトルの大きさは $|\overrightarrow{\mathrm{OP}}|$，または $|\vec{p}|$ で表される．

$$|\vec{p}| = \sqrt{3^2 + 4^2} = 5$$

特に，大きさが1であるベクトルを**単位ベクトル**（$\vec{e}$），大きさが0であるべ

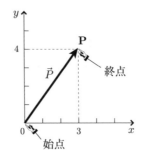

図 5.1　平面上のベクトル

クトルを**ゼロベクトル**($\vec{0}$) という．ゼロベクトルの成分は，すべて 0 である．

同じ向きで等しい大きさの 2 つのベクトル $\vec{a}$, $\vec{b}$ は**等しい**といい，$\vec{a} = \vec{b}$ と書く．2 つのベクトル $\vec{a} = \overrightarrow{AB}$, $\vec{b} = \overrightarrow{BC}$ の和は，

$$\overrightarrow{AB} + \overrightarrow{BC} = \overrightarrow{AC}$$

と定義される (図 5.2 参照)．

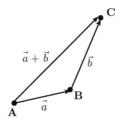

図 5.2　ベクトルの和

それぞれのベクトルの成分が $\overrightarrow{AB} = \begin{pmatrix} x_1 \\ y_1 \end{pmatrix}$, $\overrightarrow{BC} = \begin{pmatrix} x_2 \\ y_2 \end{pmatrix}$ であるとき，

$$\begin{pmatrix} x_1 \\ y_1 \end{pmatrix} + \begin{pmatrix} x_2 \\ y_2 \end{pmatrix} = \begin{pmatrix} x_1 + x_2 \\ y_1 + y_2 \end{pmatrix}$$

と表すことができる．

ベクトルの向きは変更せず，大きさだけを k 倍に変更する**スカラー倍**は，次のように定義される．

$$k\vec{a} = k\begin{pmatrix} x_1 \\ y_1 \end{pmatrix} = \begin{pmatrix} kx_1 \\ ky_1 \end{pmatrix}$$

特に，$k = -1$ のとき，ベクトル $(-1)\vec{a} = -\vec{a}$ は，ベクトル $\vec{a}$ と大きさが同じで向きが反対の逆ベクトルである（図 5.3 参照）．

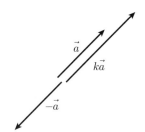

図 **5.3** ベクトルのスカラー倍

また，ベクトルの差は，$\vec{a} + (-\vec{b})$ であり，

$$\vec{a} - \vec{b} = \begin{pmatrix} x_1 \\ y_1 \end{pmatrix} - \begin{pmatrix} x_2 \\ y_2 \end{pmatrix} = \begin{pmatrix} x_1 - x_2 \\ y_1 - y_2 \end{pmatrix}$$

となる．

ベクトルの計算方法

（ⅰ）和について
$\vec{a} + \vec{b} = \vec{b} + \vec{a}$ （交換法則）
$(\vec{a} + \vec{b}) + \vec{c} = \vec{a} + (\vec{b} + \vec{c})$ （結合法則）
$\vec{a} + \vec{0} = \vec{0} + \vec{a} = \vec{a}$
$\vec{a} + (-\vec{a}) = (-\vec{a}) + \vec{a} = \vec{0}$

（ⅱ）スカラー倍について （k, l は実数）
$k(l\vec{a}) = (kl)\vec{a}$
$1\vec{a} = \vec{a}$
$(k + l)\vec{a} = k\vec{a} + l\vec{a}$
$k(\vec{a} + \vec{b}) = k\vec{a} + k\vec{b}$

例 5.1 $\vec{a} = \begin{pmatrix} 4 \\ -3 \end{pmatrix}$, $\vec{b} = \begin{pmatrix} 2 \\ 0 \end{pmatrix}$ のとき,

$$3\vec{a} - 2\vec{b} = 3\begin{pmatrix} 4 \\ -3 \end{pmatrix} - 2\begin{pmatrix} 2 \\ 0 \end{pmatrix} = \begin{pmatrix} 12-4 \\ -9-0 \end{pmatrix} = \begin{pmatrix} 8 \\ -9 \end{pmatrix}$$

問 5.1 $\vec{a} = \begin{pmatrix} 3 \\ 2 \end{pmatrix}$, $\vec{b} = \begin{pmatrix} -1 \\ 1 \end{pmatrix}$ のとき,次のベクトルを成分表示しなさい.

(1) $\vec{a} + \vec{b}$ (2) $2\vec{a} - \vec{b}$ (3) $-3(\vec{a} - 2\vec{b})$

2 つのベクトル $\vec{a} = \begin{pmatrix} x_1 \\ y_1 \end{pmatrix}$, $\vec{b} = \begin{pmatrix} x_2 \\ y_2 \end{pmatrix}$ の**内積** $\vec{a} \cdot \vec{b}$ は,

$$\vec{a} \cdot \vec{b} = x_1 x_2 + y_1 y_2$$

と定義される.内積の図形的な意味を考えるために,$\vec{a}, \vec{b}$ が x 軸となす角をそれぞれ α, β とするとき,$\vec{a}, \vec{b}$ のなす角 θ は,$\theta = \beta - \alpha$ となる(図 5.4 参照).

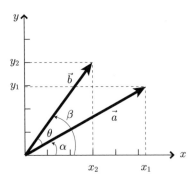

図 5.4 2 つのベクトルのなす角

三角関数の余弦の加法定理より,

$$\cos\theta = \cos\alpha\cos\beta + \sin\alpha\sin\beta$$

が成り立つ. ただし, $\cos\alpha = \dfrac{x_1}{|\overrightarrow{a}|}$, $\cos\beta = \dfrac{x_2}{|\overrightarrow{b}|}$, $\sin\alpha = \dfrac{y_1}{|\overrightarrow{a}|}$, $\sin\beta = \dfrac{y_2}{|\overrightarrow{b}|}$ であることから,

$$\cos\theta = \frac{x_1 x_2 + y_1 y_2}{|\overrightarrow{a}||\overrightarrow{b}|}$$

となる. また, $x_1 x_2 + y_1 y_2$ は内積を表すため,

$$\cos\theta = \frac{\overrightarrow{a}\cdot\overrightarrow{b}}{|\overrightarrow{a}||\overrightarrow{b}|}$$

これより, 2つのベクトル $\overrightarrow{a}, \overrightarrow{b}$ が直交するとき $(\theta = 90°)$ は,

$$\overrightarrow{a}\cdot\overrightarrow{b} = 0$$

の条件を満たすことがわかる.

内積の性質

$\overrightarrow{a}\cdot\overrightarrow{a} = |\overrightarrow{a}|^2$

$\overrightarrow{a}\cdot\overrightarrow{b} = \overrightarrow{b}\cdot\overrightarrow{a}$

$\overrightarrow{a}\cdot(\overrightarrow{b} + \overrightarrow{c}) = \overrightarrow{a}\cdot\overrightarrow{b} + \overrightarrow{a}\cdot\overrightarrow{c}$

$(k\overrightarrow{a})\cdot\overrightarrow{b} = \overrightarrow{a}\cdot(k\overrightarrow{b}) = k(\overrightarrow{a}\cdot\overrightarrow{b})$　ただし, k は実数

例 5.2 $\overrightarrow{a} = \begin{pmatrix} -1 \\ 5 \end{pmatrix}$, $\overrightarrow{b} = \begin{pmatrix} 0 \\ 7 \end{pmatrix}$ のとき,

$$\overrightarrow{a}\cdot\overrightarrow{b} = (-1)\times 0 + 5\times 7 = 35$$

問 5.2 $\overrightarrow{a} = \begin{pmatrix} x \\ -3 \end{pmatrix}$, $\overrightarrow{b} = \begin{pmatrix} 2 \\ y \end{pmatrix}$ が $\overrightarrow{a}\cdot\overrightarrow{b} = 9$, $|\overrightarrow{a}| = 5$ であるとき, x と y の値を求めなさい.

110   第5章　ベクトルと行列

　これまでは，成分が2個の平面上のベクトルについて議論してきたが，経済や経営の問題を扱うためには成分が2個以上ある一般的なベクトルを導入する必要がある．そこで，成分がn個のベクトルを考える．

$$a = \begin{pmatrix} x_1 \\ x_2 \\ \vdots \\ x_n \end{pmatrix} \quad \text{または} \quad b = (\ y_1 \quad y_2 \quad \cdots \quad y_n \ )$$

ここで，縦に成分が並んでいるベクトルを**列ベクトル**，横に並んでいるベクトルを**行ベクトル**といい，どちらも小文字の太字 a, b で表す．このとき，ベクトルの大きさは，

$$|a| = \sqrt{x_1{}^2 + x_2{}^2 + \cdots + x_n{}^2}$$

であり，内積 $a \cdot b$ は

$$a \cdot b = (\ x_1 \quad x_2 \quad \cdots \quad x_n \ ) \cdot \begin{pmatrix} y_1 \\ y_2 \\ \vdots \\ y_n \end{pmatrix} = x_1 y_1 + x_2 y_2 + \cdots + x_n y_n$$

で計算される．ただし，列ベクトルと行ベクトルの成分の数が一致するときのみ，内積の計算が可能となる．また，一般のベクトルに関しても，**ベクトルの計算法則**，**内積の性質**は，ベクトルの次数が等しい場合のみ平面上のベクトルと同様に定義される．

　$\boxed{\text{例 5.3}}$　$a = \begin{pmatrix} 2 \\ 5 \\ -1 \end{pmatrix}$, $b = (\ 3 \quad 0 \quad 4 \ )$ のとき，

$$a \cdot b = 2 \times 3 + 5 \times 0 + (-1) \times 4 = 2$$

問 5.3 $a = \begin{pmatrix} 1 \\ -2 \\ 7 \end{pmatrix}$, $b = \begin{pmatrix} 6 \\ -3 \\ 5 \end{pmatrix}$, $c = \begin{pmatrix} 0 & 8 & -1 \end{pmatrix}$, $d = \begin{pmatrix} x & y & z \end{pmatrix}$ のとき，内積が計算できるベクトルの組合せを選び，その値を計算しなさい．

5.2 行列とその演算

いくつかの実数を縦と横に並べたものを**行列**といい，大文字の太字で表す．行列では，成分の横の並びを**行**，縦の並びを**列**といい，上から順に，第 1 行，第 2 行，…，左から順に，第 1 列，第 2 列，…という．また，第 i 行，第 j 列の交差している場所の成分を (i, j) **成分**という（図 5.5 参照）．

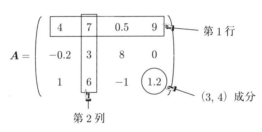

図 5.5 行列の行と列

一般に，縦に m 個，横に n 個，合計 $m \times n$ 個の実数を長方形に並べた行列を $m \times n$ **行列**といい，特に $m = n$ の場合を m **次正方行列**という．そして，$1 \times n$ 行列は n **次行ベクトル**，$m \times 1$ 行列は m **次列ベクトル**という．

また，行列 A の行と列を入れ替えた行列を A の**転置行列**といい，A^T で表す．

例 5.4 $A = \begin{pmatrix} 2 & 3 \\ -1 & 2 \\ 0 & 4 \end{pmatrix}$ の転置行列は，$A^T = \begin{pmatrix} 2 & -1 & 0 \\ 3 & 2 & 4 \end{pmatrix}$ である．行列 A は 3×2 行列であり，その転置行列 A^T は 2×3 行列となる．

112   第 5 章　ベクトルと行列

問 5.4　次の行列の転置行列を求めなさい.

(1) $\boldsymbol{a} = \begin{pmatrix} 1 & 3 & 0 \end{pmatrix}$　　(2) $\boldsymbol{A} = \begin{pmatrix} a & b & c & d \\ e & f & g & h \end{pmatrix}$

すべての成分が 0 である行列を**ゼロ行列**といい，$\boldsymbol{O}$ で表す.

$$\boldsymbol{O} = \begin{pmatrix} 0 & 0 \\ 0 & 0 \\ 0 & 0 \end{pmatrix}$$

行列 $\boldsymbol{A}$，$\boldsymbol{B}$ が，ともに $m \times n$ 行列のとき，$\boldsymbol{A}$ と $\boldsymbol{B}$ は**同じ型**の行列であるという. 行列 $\boldsymbol{A}$，$\boldsymbol{B}$ が同じ型で，かつ，対応する成分がすべて等しいとき，$\boldsymbol{A}$ と $\boldsymbol{B}$ は**等しい**といい，$\boldsymbol{A} = \boldsymbol{B}$ と書く. つまり，$\boldsymbol{A} = \begin{pmatrix} a & b \\ c & d \end{pmatrix}$，$\boldsymbol{B} = \begin{pmatrix} p & q \\ r & s \end{pmatrix}$ のとき，

$$\boldsymbol{A} = \boldsymbol{B} \quad \leftrightarrow \quad a = p, b = q, c = r, d = s$$

が成り立つ.

2 つの行列 $\boldsymbol{A}$，$\boldsymbol{B}$ が同じ型であるとき，対応する成分の和を成分とする行列を，$\boldsymbol{A}$ と $\boldsymbol{B}$ の**和**といい，$\boldsymbol{A} + \boldsymbol{B}$ で表す.

$$\boldsymbol{A} + \boldsymbol{B} = \begin{pmatrix} a & b \\ c & d \end{pmatrix} + \begin{pmatrix} p & q \\ r & s \end{pmatrix} = \begin{pmatrix} a+p & b+q \\ c+r & d+s \end{pmatrix}$$

また，実数 k に対して，行列 $\boldsymbol{A}$ の各成分を k 倍した行列を $\boldsymbol{A}$ の **k 倍**といい，$k\boldsymbol{A}$ と書く.

$$k\boldsymbol{A} = k \begin{pmatrix} a & b \\ c & d \end{pmatrix} = \begin{pmatrix} ka & kb \\ kc & kd \end{pmatrix}$$

5.2 行列とその演算　　113

行列の計算法則

　A, B, C, O は同じ型の行列とする.

（ i ）　和について

$A + B = B + A$ 　（交換法則）

$(A + B) + C = A + (B + C)$ 　（結合法則）

$A + O = O + A = A$

$A + (-A) = (-A) + A = O$

（ ii ）　スカラー倍について　（k, l は実数）

$k(lA) = (kl)A$

$(k + l)A = kA + lA$

$k(A + B) = kA + kB$

例5.5　$\begin{pmatrix} 2 & -1 & 1 \\ 5 & 4 & 0 \end{pmatrix} + 2 \begin{pmatrix} -3 & 9 & 0 \\ 6 & 2 & -3 \end{pmatrix}$

$= \begin{pmatrix} 2-6 & -1+18 & 1+0 \\ 5+12 & 4+4 & 0-6 \end{pmatrix} = \begin{pmatrix} -4 & 17 & 1 \\ 17 & 8 & -6 \end{pmatrix}$

問5.5　$A = \begin{pmatrix} 4 & 3 \\ -1 & 2 \end{pmatrix}$, $B = \begin{pmatrix} 1 & 0 \\ 5 & -4 \end{pmatrix}$ のとき，次の行列を計算しなさい.

(1) $A + 3B$　　(2) $\dfrac{1}{3}(A - B)$　　(3) $A^T - 2B^\mathrm{T}$

　2つの行列 A と B の積は，A が $m \times l$ 行列，B が $\underline{l} \times n$ 行列のとき，すなわち，A の列数と B の行数が等しいときだけ定義することができ，AB と表す（図 5.6 参照）.

　このとき AB は $m \times n$ 行列になり，AB の (i, j) 成分は A の i 行ベクトルと B の j 列ベクトルの内積で与えられる.

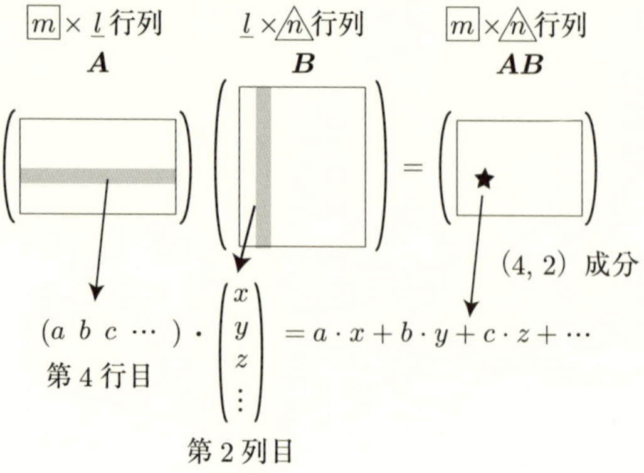

114   第5章　ベクトルと行列

$\boxed{m} \times \underline{l}$ 行列　　$\underline{l} \times \boxed{n}$ 行列　　$\boxed{m} \times \boxed{n}$ 行列
　　A　　　　　　B　　　　　　AB

（4, 2）成分

$$(a\ b\ c\ \cdots) \cdot \begin{pmatrix} x \\ y \\ z \\ \vdots \end{pmatrix} = a \cdot x + b \cdot y + c \cdot z + \cdots$$

第4行目　　　　　　　　　　第2列目

図 5.6　行列の積

行列の乗法の成分表示

$$(\ a \quad b \ ) \begin{pmatrix} p \\ r \end{pmatrix} = ap + br$$

$$(\ a \quad b \ ) \begin{pmatrix} p & q \\ r & s \end{pmatrix} = (\ ap + br \quad aq + bs \ )$$

$$\begin{pmatrix} a & b \\ c & d \end{pmatrix} \begin{pmatrix} p \\ r \end{pmatrix} = \begin{pmatrix} ap + br \\ cp + dr \end{pmatrix}$$

$$\begin{pmatrix} a & b \\ c & d \end{pmatrix} \begin{pmatrix} p & q \\ r & s \end{pmatrix} = \begin{pmatrix} ap + br & aq + bs \\ cp + dr & cq + ds \end{pmatrix}$$

$$\begin{pmatrix} a \\ c \end{pmatrix} (\ p \quad q \ ) = \begin{pmatrix} ap & aq \\ cp & cq \end{pmatrix}$$

$$\begin{pmatrix} a \\ c \end{pmatrix} \begin{pmatrix} p & q \\ r & s \end{pmatrix} \rightarrow \times \ （定義できない）$$

$\boxed{\text{例 5.6}}$ (1) $\begin{pmatrix} 1 & -3 \end{pmatrix} \begin{pmatrix} 7 \\ 2 \end{pmatrix} = 1 \times 7 + (-3) \times 2 = 1$

(2) $\begin{pmatrix} 1 & -3 \end{pmatrix} \begin{pmatrix} 8 & 6 \\ 0 & -1 \end{pmatrix} = \begin{pmatrix} 8-0 & 6+3 \end{pmatrix} = \begin{pmatrix} 8 & 9 \end{pmatrix}$

(3) $\begin{pmatrix} 5 & 2 \\ 1 & -4 \end{pmatrix} \begin{pmatrix} 6 \\ -1 \end{pmatrix} = \begin{pmatrix} 30-2 \\ 6+4 \end{pmatrix} = \begin{pmatrix} 28 \\ 10 \end{pmatrix}$

(4) $\begin{pmatrix} 2 & 9 \\ -4 & 3 \end{pmatrix} \begin{pmatrix} 6 & -1 \\ -2 & 10 \end{pmatrix} = \begin{pmatrix} 12-18 & -2+90 \\ -24-6 & 4+30 \end{pmatrix}$

$$= \begin{pmatrix} -6 & 88 \\ -30 & 34 \end{pmatrix}$$

(5) $\begin{pmatrix} 4 \\ -9 \end{pmatrix} \begin{pmatrix} 1 & 7 \end{pmatrix} = \begin{pmatrix} 4 & 28 \\ -9 & -63 \end{pmatrix}$

$\boxed{\text{問 5.6}}$ 次の計算をしなさい.

(1) $\begin{pmatrix} -5 & 3 \end{pmatrix} \begin{pmatrix} 9 \\ 12 \end{pmatrix}$

(2) $\begin{pmatrix} 8 & -3 \\ 1 & 5 \end{pmatrix} \begin{pmatrix} -2 \\ 5 \end{pmatrix}$

(3) $\begin{pmatrix} -1 & 3 \\ 15 & 9 \end{pmatrix} \begin{pmatrix} 4 & 6 \\ 0 & -2 \end{pmatrix}$

(4) $\begin{pmatrix} 8 \\ -1 \\ 13 \end{pmatrix} \begin{pmatrix} 7 & -1 & 0 \end{pmatrix}$

(5) $\begin{pmatrix} 2 & -1 & 0 \\ 6 & 5 & 4 \\ -1 & 0 & -3 \end{pmatrix} \begin{pmatrix} 4 \\ 5 \\ -2 \end{pmatrix}$

(6) $\begin{pmatrix} 2 & 12 & 9 \\ 0 & 1 & 5 \\ -2 & 5 & 7 \end{pmatrix} \begin{pmatrix} -1 & 0 & -4 \\ 8 & -2 & 7 \\ 6 & 3 & 0 \end{pmatrix}$

116　第5章　ベクトルと行列

> **行列の乗法に関する計算法則**
>
> A, B, C は以下の積が存在する行列であるとする.
>
> $(kA)B = A(kB) = k(AB)$ （k は実数）
>
> $(AB)C = A(BC)$ （結合法則）
>
> $A(B+C) = AB + AC$ （分配法則）
>
> $(A+B)C = AC + BC$

　ここで，行列の乗法では，交換法則 $AB = BA$ が成り立つとは限らない.
また，$AB = O$ のとき，$A = O$ または $B = O$ が成り立つとは限らない.

　正方行列 A において，行列 A を n 個掛けたものを行列 A の n 乗といい，
A^n で表す. たとえば，$A^3 = AA^2 = A^2A$ で表すことができる.

例 5.7 $A = \begin{pmatrix} 1 & -2 \\ 0 & 4 \end{pmatrix}$ のとき，$A^2 = \begin{pmatrix} 1 & -2 \\ 0 & 4 \end{pmatrix}\begin{pmatrix} 1 & -2 \\ 0 & 4 \end{pmatrix} =$

$\begin{pmatrix} 1 & -10 \\ 0 & 16 \end{pmatrix}$

問 5.7 $A = \begin{pmatrix} -1 & 0 \\ 3 & 2 \end{pmatrix}$ のとき，以下を求めなさい.

(1) A^2 　　(2) A^4

　左上から右下への対角成分が 1 で，他の成分がすべて 0 である行列を**単位
行列**といい，E で表す.

$$E = \begin{pmatrix} 1 & 0 \\ 0 & 1 \end{pmatrix}$$

A が正方行列であるとき，

$$AE = EA = A$$

が成り立つ.

正方行列 A と同じ型の行列 X との積が

$$AX = XA = E$$

を満たす正方行列 X が存在するとき, X を A の逆行列といい, A^{-1} で表す. このとき, A は逆行列をもつので, **正則行列**といわれる. また, AA^{-1} $= A^{-1}A = E$ を満たすため A と A^{-1} は互いに逆行列となっている.

ここで, 行列の行に関する**基本変形**について述べる.

- 2つの行を入れ替える.
- ある行を 0 でない定数倍する.
- ある行に他の行の定数倍を加減する.

列に関する基本変形も同様である. これらの操作によって得られた行列は, もとの行列とは異なった行列になっているため, 「＝」ではなく「→」を使う. n 次正方行列 A に行に関する基本変形を施して階段行列 B を得たとする. このとき行列 B の 0 でない成分が残っている行の数 (階段の段数) を行列 A の**階数** (rank A) という.

たとえば, 行列 A は基本変形により, 行列 B に変形できる.

$$A : \begin{pmatrix} 2 & -1 & 3 \\ 6 & 5 & -2 \\ 4 & 6 & -5 \end{pmatrix} \to B : \begin{pmatrix} 2 & -1 & 3 \\ 0 & 8 & -11 \\ 0 & 0 & 0 \end{pmatrix}$$

つまり, 行列 A の階数は 2 であることがわかる (rank A=2). 最終的に行列 B において 0 ベクトルとならなかった行 (行列 A の 1 行目と 3 行目) は **1 次独立** (線形独立) であるという.

逆行列は行列 A が n 次正方行列であり, かつ rank $A = n$ のときにのみ存在する.

118　第 5 章　ベクトルと行列

> **2 次正方行列の逆行列**
>
> $A = \begin{pmatrix} a & b \\ c & d \end{pmatrix}$ に対して，$|A| = ad - bc$ とおくと，
>
> $|A| \neq 0$ のとき，$A^{-1} = \dfrac{1}{|A|} \begin{pmatrix} d & -b \\ -c & a \end{pmatrix}$
>
> $|A| = 0$ のとき　逆行列は存在しない．

ここで，$|A|$ を行列 A の**行列式**という．

例 5.8　次の行列に逆行列があれば，それを求めなさい．

(1) $A = \begin{pmatrix} 2 & -3 \\ 4 & 1 \end{pmatrix}$ 　　(2) $B = \begin{pmatrix} 6 & 4 \\ -3 & -2 \end{pmatrix}$

【解】　(1) $|A| = 2 \times 1 - (-3) \times 4 = 14 \neq 0$ より

$$A^{-1} = \frac{1}{14} \begin{pmatrix} 1 & 3 \\ -4 & 2 \end{pmatrix}$$

(2) $|B| = 6 \times (-2) - 4 \times (-3) = 0$ より，B の逆行列は存在しない．

【別解】　(1) 行列 A と単位行列 E を並べた行列 $(A|E)$ について，行に関する基本変形を行う．

$$
(\boldsymbol{A}|\boldsymbol{E}) = \left(\begin{array}{cc|cc} \underline{2} & -3 & 1 & 0 \\ 4 & 1 & 0 & 1 \end{array}\right) \leftarrow \frac{1}{2}\,\text{倍する}
$$

$$
\Longrightarrow \left(\begin{array}{cc|cc} 1 & -\dfrac{3}{2} & \dfrac{1}{2} & 0 \\ \underline{4} & 1 & 0 & 1 \end{array}\right) \leftarrow \text{第}1\,\text{行} \times (-4)\,\text{を足す}
$$

$$
\Longrightarrow \left(\begin{array}{cc|cc} 1 & -\dfrac{3}{2} & \dfrac{1}{2} & 0 \\ 0 & \underline{7} & -2 & 1 \end{array}\right) \leftarrow \frac{1}{7}\,\text{倍する}
$$

$$
\Longrightarrow \left(\begin{array}{cc|cc} 1 & -\dfrac{3}{2} & \dfrac{1}{2} & 0 \\ 0 & 1 & -\dfrac{2}{7} & \dfrac{1}{7} \end{array}\right) \leftarrow \text{第}2\,\text{行} \times \frac{3}{2}\,\text{を足す}
$$

$$
\Longrightarrow \left(\begin{array}{cc|cc} 1 & 0 & \dfrac{1}{14} & \dfrac{3}{14} \\ 0 & 1 & -\dfrac{2}{7} & \dfrac{1}{7} \end{array}\right)
$$

左側を単位行列 $\boldsymbol{E}$ に変形できたので，右側は $\boldsymbol{A}^{-1}$ となっている．つまり，

$$
\boldsymbol{A}^{-1} = \frac{1}{14}\left(\begin{array}{cc} 1 & 3 \\ -4 & 2 \end{array}\right)
$$

(2) 行列 $\boldsymbol{B}$ と単位行列 $\boldsymbol{E}$ を並べた行列 $(\boldsymbol{B}|\boldsymbol{E})$ について，行に関する基本変形を行う．

$$
(\boldsymbol{B}|\boldsymbol{E}) = \left(\begin{array}{cc|cc} \underline{6} & 4 & 1 & 0 \\ -3 & -2 & 0 & 1 \end{array}\right) \leftarrow \frac{1}{6}\,\text{倍する}
$$

$$
\Longrightarrow \left(\begin{array}{cc|cc} 1 & \dfrac{2}{3} & \dfrac{1}{6} & 0 \\ \underline{-3} & -2 & 0 & 1 \end{array}\right) \leftarrow \text{第}1\,\text{行} \times 3\,\text{を足す}
$$

$$
\Longrightarrow \left(\begin{array}{cc|cc} 1 & \dfrac{2}{3} & \dfrac{1}{6} & 0 \\ 0 & \underline{0} & \dfrac{1}{2} & 1 \end{array}\right)
$$

左側を単位行列 $\boldsymbol{E}$ に変形できない．つまり，$\boldsymbol{B}^{-1}$ は存在しない．

120　第5章　ベクトルと行列

問 5.8　次の行列に逆行列があれば，それを求めなさい．

(1)　$A = \begin{pmatrix} 3 & -1 \\ 4 & 2 \end{pmatrix}$　　(2)　$B = \begin{pmatrix} 4 & -8 \\ -9 & 18 \end{pmatrix}$

5.3　行列式と連立方程式

n 次正方行列 A

$$A = \begin{pmatrix} a_{11} & a_{12} & \cdots & a_{1n} \\ a_{21} & a_{22} & \cdots & a_{2n} \\ \vdots & \vdots & \ddots & \vdots \\ a_{n1} & a_{n2} & \cdots & a_{nn} \end{pmatrix}$$

に対する行列式 $|A|$ は，ある第 i 行または，ある第 j 列についての**余因子展開**

$$|A| = a_{i1}A_{i1} + a_{i2}A_{i2} + \cdots + a_{in}A_{in} \quad （第 i 行についての展開）$$
$$= a_{1j}A_{1j} + a_{2j}A_{2j} + \cdots + a_{nj}A_{nj} \quad （第 j 列についての展開）$$

によって求めることができる．ただし，第 i 行，第 j 列の要素である a_{ij} に関する**余因子** A_{ij} は

$$A_{ij} = (-1)^{i+j}|M_{ij}|$$

によって与えられる．ここで，行列 M_{ij} は $n-1$ 次正方行列であり，行列 A の第 i 行と第 j 列を取り除いてできる行列である（図 5.7 参照）．

たとえば，2 次正方行列 A の行列式 $|A|$ は，第 1 行目の余因子展開によって，

$$\begin{vmatrix} a_{11} & a_{12} \\ a_{21} & a_{22} \end{vmatrix} = a_{11}(-1)^{1+1}|a_{22}| + a_{12}(-1)^{1+2}|a_{21}| = a_{11}a_{22} - a_{12}a_{21}$$

で求めることができる．そして，3 次正方行列 A の行列式 $|A|$ は，第 1 行目の余因子展開によって

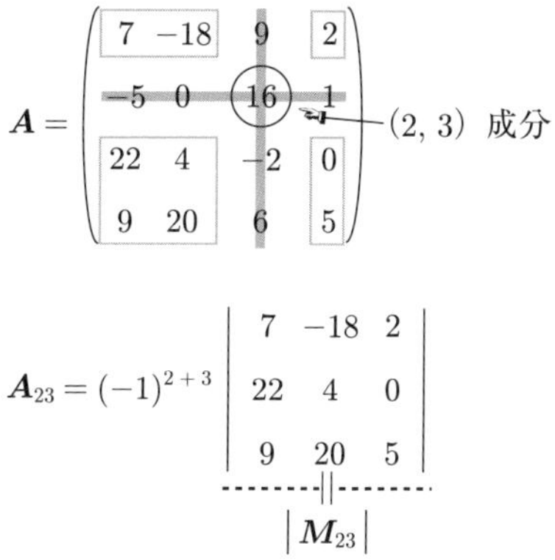

5.3 行列式と連立方程式　121

$$A = \begin{pmatrix} 7 & -18 & 9 & 2 \\ -5 & 0 & 16 & 1 \\ 22 & 4 & -2 & 0 \\ 9 & 20 & 6 & 5 \end{pmatrix} \quad (2,\,3)\ 成分$$

$$A_{23} = (-1)^{2+3} \underbrace{\begin{vmatrix} 7 & -18 & 2 \\ 22 & 4 & 0 \\ 9 & 20 & 5 \end{vmatrix}}_{|M_{23}|}$$

図 5.7　余因子のための行列

$$\begin{vmatrix} a_{11} & a_{12} & a_{13} \\ a_{21} & a_{22} & a_{23} \\ a_{31} & a_{32} & a_{33} \end{vmatrix} = a_{11}(-1)^{1+1} \begin{vmatrix} a_{22} & a_{23} \\ a_{32} & a_{33} \end{vmatrix} + a_{12}(-1)^{1+2} \begin{vmatrix} a_{21} & a_{23} \\ a_{31} & a_{33} \end{vmatrix}$$

$$+ a_{13}(-1)^{1+3} \begin{vmatrix} a_{21} & a_{22} \\ a_{31} & a_{32} \end{vmatrix}$$

$$= a_{11}(a_{22}a_{33} - a_{23}a_{32}) - a_{12}(a_{21}a_{33} - a_{23}a_{31}) + a_{13}(a_{21}a_{32} - a_{22}a_{31})$$

$$= a_{11}a_{22}a_{33} + a_{12}a_{23}a_{31} + a_{13}a_{21}a_{32} - (a_{13}a_{22}a_{31} + a_{12}a_{21}a_{33} + a_{11}a_{23}a_{32})$$

で求めることができる.

　2 次あるいは 3 次の正方行列については，左上から右下へ向かう方向の積
の和（2 次の場合は $a_{11}a_{22}$，3 次の場合は $a_{11}a_{22}a_{33} + a_{12}a_{23}a_{31} + a_{13}a_{21}a_{32}$）
から，右上から左下へ向かう方向の積の和（2 次の場合は $a_{12}a_{21}$，3 次の場合
$a_{13}a_{22}a_{31} + a_{12}a_{21}a_{33} + a_{11}a_{23}a_{32}$）の差をとることで，行列式の値が求まる.
これを **Sarrus の方法**という（図 5.8 参照）.

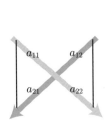 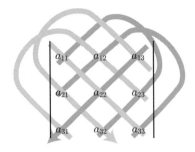

図 **5.8** Sarrus の方法

例 5.9 行列 $A = \begin{pmatrix} 3 & 4 & 6 \\ 0 & -1 & 2 \\ 1 & -5 & 7 \end{pmatrix}$ の余因子 A_{31}, A_{32}, A_{33} を計算せよ．さらに，それらを用いて行列式 $|A|$ の値を求めなさい．

【解】 $A_{31} = (-1)^{3+1} \begin{vmatrix} 4 & 6 \\ -1 & 2 \end{vmatrix} = 14$　　$A_{32} = (-1)^{3+2} \begin{vmatrix} 3 & 6 \\ 0 & 2 \end{vmatrix} = -6$

$A_{33} = (-1)^{3+3} \begin{vmatrix} 3 & 4 \\ 0 & -1 \end{vmatrix} = -3$

第 3 行についての余因子展開により，行列式 $|A|$ は

$$|A| = 1 \times 14 + (-5) \times (-6) + 7 \times (-3) = 23$$

となる．

問 5.9 行列式 $|A| = \begin{vmatrix} -5 & 0 & 4 \\ 7 & 2 & -1 \\ 1 & -2 & -3 \end{vmatrix}$ の値を求めなさい．

一般に，正方行列 A の逆行列 A^{-1} は，$|A| \neq 0$ のとき，

$$A^{-1} = \frac{\tilde{A}}{|A|}$$

で得ることができる．ただし，$\tilde{A}$ は正方行列 A の余因子 A_{ij} から構成される**余因子行列**であり，

$$
\tilde{A} = \begin{pmatrix} A_{11} & A_{12} & \cdots & A_{1n} \\ A_{21} & A_{22} & \cdots & A_{2n} \\ \vdots & \vdots & \ddots & \vdots \\ A_{n1} & A_{n2} & \cdots & A_{nn} \end{pmatrix}^{\mathrm{T}} = \begin{pmatrix} A_{11} & A_{21} & \cdots & A_{n1} \\ A_{12} & A_{22} & \cdots & A_{n2} \\ \vdots & \vdots & \ddots & \vdots \\ A_{1n} & A_{2n} & \cdots & A_{nn} \end{pmatrix}
$$

で与えられる．ここで，$\tilde{A}$ は転置行列となっていることに注意が必要である．

$\boxed{\text{例 5.10}}$ $A = \begin{pmatrix} 3 & 4 & 6 \\ 0 & -1 & 2 \\ 1 & -5 & 7 \end{pmatrix}$ の逆行列を求めなさい．

【解】 例 5.9 より，$A_{31} = 14$，$A_{32} = -6$，$A_{33} = -3$，$|A| = 23$．また，$A_{11} = 3$，$A_{12} = 2$，$A_{13} = 1$，$A_{21} = -58$，$A_{22} = 15$，$A_{23} = 19$．したがって，余因子 A_{ij} から構成される余因子行列 $\tilde{A}$ は

$$
\tilde{A} = \begin{pmatrix} 3 & 2 & 1 \\ -58 & 15 & 19 \\ 14 & -6 & -3 \end{pmatrix}^{\mathrm{T}} = \begin{pmatrix} 3 & -58 & 14 \\ 2 & 15 & -6 \\ 1 & 19 & -3 \end{pmatrix}
$$

であることから，逆行列 A^{-1} は，

$$
A^{-1} = \frac{\tilde{A}}{|A|} = \frac{1}{23} \begin{pmatrix} 3 & -58 & 14 \\ 2 & 15 & -6 \\ 1 & 19 & -3 \end{pmatrix}
$$

となる．

$\boxed{\text{問 5.10}}$ 問 5.9 の行列式の値を用いて，行列 $A = \begin{pmatrix} -5 & 0 & 4 \\ 7 & 2 & -1 \\ 1 & -2 & -3 \end{pmatrix}$ の逆行列 A^{-1} を求めなさい．

124　第 5 章　ベクトルと行列

次に，変数 x, y からなる連立 1 次方程式の解を，行列を用いて求めること
を考える．

$$
\begin{cases}
ax + by = p \\
cx + dy = q
\end{cases}
$$

は，行列を用いて

$$
\begin{pmatrix} a & b \\ c & d \end{pmatrix} \begin{pmatrix} x \\ y \end{pmatrix} = \begin{pmatrix} p \\ q \end{pmatrix}
$$

と表すことができる．ここで

$$
\boldsymbol{A} = \begin{pmatrix} a & b \\ c & d \end{pmatrix}, \ \boldsymbol{x} = \begin{pmatrix} x \\ y \end{pmatrix}, \ \boldsymbol{b} = \begin{pmatrix} p \\ q \end{pmatrix}
$$

とおくと，連立 1 次方程式は，

$$
\boldsymbol{A}\boldsymbol{x} = \boldsymbol{b}
$$

となる．$\boldsymbol{A}$ の逆行列 $\boldsymbol{A}^{-1}$ が存在する場合は，両辺に左から $\boldsymbol{A}^{-1}$ を掛ける．

$$
\boldsymbol{A}^{-1}\boldsymbol{A}\boldsymbol{x} = \boldsymbol{A}^{-1}\boldsymbol{b}
$$

左辺は $\boldsymbol{A}^{-1}\boldsymbol{A}\boldsymbol{x} = \boldsymbol{E}\boldsymbol{x} = \boldsymbol{x}$ と計算できるため，方程式 $\boldsymbol{A}\boldsymbol{x} = \boldsymbol{b}$ の解は，

$$
\boldsymbol{x} = \boldsymbol{A}^{-1}\boldsymbol{b}
$$

によって求めることができる．

例 5.11　行列を用いて，連立方程式 $\begin{cases} 2x + 3y = 10 \\ x - y = -5 \end{cases}$ を解きなさい．

【解】　与えられた連立方程式は，行列を用いて表すと

$$
\begin{pmatrix} 2 & 3 \\ 1 & -1 \end{pmatrix} \begin{pmatrix} x \\ y \end{pmatrix} = \begin{pmatrix} 10 \\ -5 \end{pmatrix}
$$

となる．ここで，$\boldsymbol{A} = \begin{pmatrix} 2 & 3 \\ 1 & -1 \end{pmatrix}$ とおくと，$|\boldsymbol{A}| = -5 \neq 0$ より，逆行列 $\boldsymbol{A}^{-1}$ が存在する．

$$\boldsymbol{A}^{-1} = -\frac{1}{5} \begin{pmatrix} -1 & -3 \\ -1 & 2 \end{pmatrix}$$

したがって，

$$\begin{pmatrix} x \\ y \end{pmatrix} = -\frac{1}{5} \begin{pmatrix} -1 & -3 \\ -1 & 2 \end{pmatrix} \begin{pmatrix} 10 \\ -5 \end{pmatrix} = -\frac{1}{5} \begin{pmatrix} 5 \\ -20 \end{pmatrix} = \begin{pmatrix} -1 \\ 4 \end{pmatrix}$$

となる．

【別解】 ここで，Gauss の消去法（掃き出し法）による解法を示す．$\boldsymbol{b} = \begin{pmatrix} 10 \\ -5 \end{pmatrix}$ とすると，行列 $\boldsymbol{A}$ と $\boldsymbol{b}$ を並べた行列 $(\boldsymbol{A}|\boldsymbol{b})$ について，行に関する基本変形を行う．

$$(\boldsymbol{A}|\boldsymbol{b}) = \left(\begin{array}{cc|c} 2 & 3 & 10 \\ 1 & -1 & -5 \end{array} \right) \leftarrow \frac{1}{2} \text{倍する}$$

$$\Longrightarrow \left(\begin{array}{cc|c} 1 & \frac{3}{2} & 5 \\ 1 & -1 & -5 \end{array} \right) \leftarrow \text{第 1 行} \times (-1) \text{を足す}$$

$$\Longrightarrow \left(\begin{array}{cc|c} 1 & \frac{3}{2} & 5 \\ 0 & -\frac{5}{2} & -10 \end{array} \right) \leftarrow -\frac{2}{5} \text{倍する}$$

$$\Longrightarrow \left(\begin{array}{cc|c} 1 & \frac{3}{2} & 5 \\ 0 & 1 & 4 \end{array} \right) \leftarrow \text{第 2 行} \times \left(-\frac{3}{2}\right) \text{を足す}$$

$$\Longrightarrow \left(\begin{array}{cc|c} 1 & 0 & -1 \\ 0 & 1 & 4 \end{array} \right)$$

左側を単位行列 $\boldsymbol{E}$ にできれば，右側が解 $\boldsymbol{x}$ である．つまり，

126 第 5 章 ベクトルと行列

$$\begin{pmatrix} x \\ y \end{pmatrix} = \begin{pmatrix} -1 \\ 4 \end{pmatrix}$$

問 5.11 行列を用いて，次の連立 1 次方程式を解きなさい.

(1) $\begin{cases} 3x - 6y = 12 \\ 5x + 7y = 3 \end{cases}$ (2) $\begin{cases} x + y = 2 \\ 4x + 7y = 23 \end{cases}$

いま，正方行列 $\boldsymbol{A}$ の逆行列 $\boldsymbol{A}^{-1}$ は，

$$\boldsymbol{A}^{-1} = \frac{\tilde{\boldsymbol{A}}}{|\boldsymbol{A}|}$$

であることから，

$$\boldsymbol{x} = \boldsymbol{A}^{-1}\boldsymbol{b} = \frac{\tilde{\boldsymbol{A}}\boldsymbol{b}}{|\boldsymbol{A}|}$$

とできる. ただし，$\boldsymbol{x} = (x_1, x_2, \cdots, x_n)^{\mathrm{T}}$ とする.

ここで，行列 $\boldsymbol{A}$ の第 j 列をベクトル $\boldsymbol{b}$ で置き換えた行列を $\boldsymbol{A}_j$ とすると，行列 $\boldsymbol{A}_j$ の行列式 $|\boldsymbol{A}_j|$ は第 j 列に関する余因子展開により，

$$|\boldsymbol{A}_j| = b_1\boldsymbol{A}_{1j} + b_2\boldsymbol{A}_{2j} + b_3\boldsymbol{A}_{3j} + \cdots + b_n\boldsymbol{A}_{nj}$$

となる. これは，余因子行列 $\tilde{\boldsymbol{A}}$ とベクトル $\boldsymbol{b}$ の積 $\tilde{\boldsymbol{A}}\boldsymbol{b}$ の第 j 成分である. そのため，

$$x_j = \frac{|\boldsymbol{A}_j|}{|\boldsymbol{A}|}$$

で得られることになる.

Cramer の公式

$\boldsymbol{A}\boldsymbol{x} = \boldsymbol{b}$ の解 $x_j (j = 1, 2, 3, \cdots, n)$ は $x_j = \dfrac{|\boldsymbol{A}_j|}{|\boldsymbol{A}|}$ となる.

ただし，$\boldsymbol{A}_j$ は行列 $\boldsymbol{A}$ の第 j 列をベクトル $\boldsymbol{b}$ で置き換えた行列である.

5.3 行列式と連立方程式   *127*

$\boxed{\textbf{例}\,5.12}$ 連立方程式 $\begin{cases} -2x + y + 5z = -5 \\ 4x + 7z = 1 \\ x + 3y + 6z = 8 \end{cases}$ を Cramer の公式を用いて解きなさい.

【解】 与えられた連立方程式に対して行列を用いて表すと

$$\begin{pmatrix} -2 & 1 & 5 \\ 4 & 0 & 7 \\ 1 & 3 & 6 \end{pmatrix} \begin{pmatrix} x \\ y \\ z \end{pmatrix} = \begin{pmatrix} -5 \\ 1 \\ 8 \end{pmatrix}$$

となる. ここで, $\boldsymbol{A} = \begin{pmatrix} -2 & 1 & 5 \\ 4 & 0 & 7 \\ 1 & 3 & 6 \end{pmatrix}$ とおくと, $|\boldsymbol{A}| = 85 \neq 0$. また, 行

列 $\boldsymbol{A}$ の第 j 列をベクトル $\boldsymbol{b}$ で置き換えた行列は, $\boldsymbol{A}_1 = \begin{pmatrix} -5 & 1 & 5 \\ 1 & 0 & 7 \\ 8 & 3 & 6 \end{pmatrix}$, $\boldsymbol{A}_2$

$= \begin{pmatrix} -2 & -5 & 5 \\ 4 & 1 & 7 \\ 1 & 8 & 6 \end{pmatrix}$, $\boldsymbol{A}_3 = \begin{pmatrix} -2 & 1 & -5 \\ 4 & 0 & 1 \\ 1 & 3 & 8 \end{pmatrix}$ であり, それぞれの行列式

は, $|\boldsymbol{A}_1| = 170$, $|\boldsymbol{A}_2| = 340$, $|\boldsymbol{A}_3| = -85$ と計算できる.

よって, $x = \dfrac{|\boldsymbol{A}_1|}{|\boldsymbol{A}|} = \dfrac{170}{85} = 2$, $y = \dfrac{|\boldsymbol{A}_2|}{|\boldsymbol{A}|} = \dfrac{340}{85} = 4$, $z = \dfrac{|\boldsymbol{A}_3|}{|\boldsymbol{A}|} = \dfrac{-85}{85} = -1$.

$\boxed{\textbf{問}\,5.12}$ 次の連立 1 次方程式を, Cramer の公式を用いて解きなさい.

$$\begin{cases} 3x - y + z = -3 \\ -2x + 6y + 4z = 16 \\ 5x + 2y + 3z = -1 \end{cases}$$

128   第5章 ベクトルと行列

5.4 固有値と固有ベクトル

n 次正方行列 A に対し,

$$Ax = \lambda x$$

を満たす実数 λ と n 次の列ベクトル x を考える.

$$A = \left(\begin{array}{cc} a & b \\ c & d \end{array} \right), \ x = \left(\begin{array}{c} x_1 \\ x_2 \end{array} \right)$$

とすると,$Ax = \lambda x$ は

$$\left(\begin{array}{cc} a & b \\ c & d \end{array} \right) \left(\begin{array}{c} x_1 \\ x_2 \end{array} \right) = \lambda \left(\begin{array}{c} x_1 \\ x_2 \end{array} \right)$$

となり,整理すると,

$$\left\{ \begin{array}{l} (\lambda - a)x_1 - bx_2 = 0 \\ -cx_1 + (\lambda - d)x_2 = 0 \end{array} \right.$$

となる.つまり,

$$\left\{ \lambda \left(\begin{array}{cc} 1 & 0 \\ 0 & 1 \end{array} \right) - \left(\begin{array}{cc} a & b \\ c & d \end{array} \right) \right\} \left(\begin{array}{c} x_1 \\ x_2 \end{array} \right) = \left(\begin{array}{c} 0 \\ 0 \end{array} \right)$$

であるので,

$$(\lambda E - A)x = 0$$

とできる.ここで,自明な解 $x = 0$ 以外の解をもつためには,係数行列 $\lambda E - A$ の行列式である**固有多項式**について,次の関係が成り立たなければならない.

$$|\lambda E - A| = \left| \begin{array}{cc} \lambda - a & -b \\ -c & \lambda - d \end{array} \right| = 0$$

5.4 固有値と固有ベクトル　　129

λ で整理すると，

$$(\lambda - a)(\lambda - d) - bc = \lambda^2 - (a + d)\lambda + (ad - bc) = 0$$

となる．この方程式を**固有方程式**といい，その解を**固有値**という．

この 2 次方程式の解を α, β とすると，固有値 $\lambda = \alpha$ のときは，

$$(\alpha - a)x_1 - bx_2 = 0$$

を満たす実数の組み合わせ

$$\boldsymbol{x} = \begin{pmatrix} x_1 \\ x_2 \end{pmatrix} = t \begin{pmatrix} b \\ \alpha - a \end{pmatrix} \quad (t \neq 0 \text{ は任意の実数})$$

を**固有ベクトル**という．

固有値 $\lambda = \beta$ のときは，

$$(\beta - a)x_1 - bx_2 = 0$$

を満たす実数の組み合わせ

$$\boldsymbol{x} = \begin{pmatrix} x_1 \\ x_2 \end{pmatrix} = t' \begin{pmatrix} b \\ \beta - a \end{pmatrix} \quad (t' \neq 0 \text{ は任意の実数})$$

が固有ベクトルである．

例 5.13　次の正方行列について固有値と，それに対応する固有ベクトルを求めなさい．

(1) $\boldsymbol{A} = \begin{pmatrix} 2 & 3 \\ 1 & 4 \end{pmatrix}$　　(2) $\boldsymbol{B} = \begin{pmatrix} 1 & -2 & 1 \\ 3 & 2 & 1 \\ 1 & 5 & -1 \end{pmatrix}$

【解】　(1) $\boldsymbol{A}$ の固有値を λ, それに対応する固有ベクトルを $\boldsymbol{x} = \begin{pmatrix} x_1 \\ x_2 \end{pmatrix}$ とする．

130   第 5 章　ベクトルと行列

$$|\lambda \boldsymbol{E} - \boldsymbol{A}| = \begin{vmatrix} \lambda - 2 & -3 \\ -1 & \lambda - 4 \end{vmatrix} = 0$$

より，固有方程式は

$$(\lambda - 2)(\lambda - 4) - 3 = \lambda^2 - 6\lambda + 5 = (\lambda - 1)(\lambda - 5) = 0$$

となり，固有値は $\lambda = 1, 5$ である．固有値が $\lambda = 1$ のときは，

$$\begin{cases} (1 - 2)x_1 - 3x_2 = 0 \\ -x_1 + (1 - 4)x_2 = 0 \end{cases}$$

より，$x_1 = -3x_2$ を満たす実数の組み合わせ

$$\begin{pmatrix} x_1 \\ x_2 \end{pmatrix} = t \begin{pmatrix} -3 \\ 1 \end{pmatrix} \quad (t \neq 0 \text{ は任意の実数})$$

が固有値 $\lambda = 1$ に関する固有ベクトルとなる．同様にして，固有値が $\lambda = 5$ のときは，

$$\begin{cases} (5 - 2)x_1 - 3x_2 = 0 \\ -x_1 + (5 - 4)x_2 = 0 \end{cases}$$

より，$x_1 = x_2$ を満たす実数の組み合わせ

$$\begin{pmatrix} x_1 \\ x_2 \end{pmatrix} = t' \begin{pmatrix} 1 \\ 1 \end{pmatrix} \quad (t' \neq 0 \text{ は任意の実数})$$

が固有値 $\lambda = 5$ に関する固有ベクトルとなる．

(2) $\boldsymbol{B}$ の固有値を λ，それに対応する固有ベクトルを $\boldsymbol{x} = \begin{pmatrix} x_1 \\ x_2 \\ x_3 \end{pmatrix}$ とする．

　　$\boldsymbol{A}\boldsymbol{x} = \lambda\boldsymbol{x}$ より，

$$\begin{cases} x_1 - 2x_2 + x_3 = \lambda x_1 \\ 3x_1 + 2x_2 + x_3 = \lambda x_2 \\ x_1 + 5x_2 - x_3 = \lambda x_3 \end{cases}$$

2 次正方行列と同様に，固有方程式を求めると，

$$|\lambda \boldsymbol{E} - \boldsymbol{B}| = \begin{vmatrix} \lambda - 1 & 2 & -1 \\ -3 & \lambda - 2 & -1 \\ -1 & -5 & \lambda + 1 \end{vmatrix} = 0$$

Sarrus の方法を適用して，λ について整理して解くと次のようになる.

$$\begin{aligned} |\lambda \boldsymbol{E} - \boldsymbol{B}| &= (\lambda - 1)(\lambda - 2)(\lambda + 1) - 15 + 2 - (\lambda - 2) - 5 \times (\lambda - 1) + 6 \\ &\quad \times (\lambda + 1) \\ &= \lambda^3 - 2\lambda^2 - \lambda + 2 = (\lambda - 1)(\lambda + 1)(\lambda - 2) = 0 \end{aligned}$$

固有値は $\lambda = -1, 1, 2$ となる．固有値が $\lambda = -1$ のときは，

$$\begin{cases} x_1 - 2x_2 + x_3 = -x_1 \\ 3x_1 + 2x_2 + x_3 = -x_2 \\ x_1 + 5x_2 - x_3 = -x_3 \end{cases}$$

より，$x_1 = -5x_2$, $x_3 = 12x_2$ を満たす実数の組み合わせ

$$\begin{pmatrix} x_1 \\ x_2 \\ x_3 \end{pmatrix} = t \begin{pmatrix} -5 \\ 1 \\ 12 \end{pmatrix} \quad (t \neq 0 \text{ は任意の実数})$$

が固有値 $\lambda = -1$ に関する固有ベクトルである．同様にして，固有値 $\lambda = 1$ に対応する固有ベクトルは，

$$\begin{pmatrix} x_1 \\ x_2 \\ x_3 \end{pmatrix} = t' \begin{pmatrix} -1 \\ 1 \\ 2 \end{pmatrix} \quad (t' \neq 0 \text{ は任意の実数}),$$

132   第 5 章　ベクトルと行列

固有値 $\lambda = 2$ に対応する固有ベクトルは，

$$\begin{pmatrix} x_1 \\ x_2 \\ x_3 \end{pmatrix} = t'' \begin{pmatrix} -1 \\ 2 \\ 3 \end{pmatrix} \quad (t'' \neq 0 \text{ は任意の実数})$$

となる.

問 5.13　次の正方行列について固有値と，それに対応する固有ベクトルを求めなさい.

(1) $\boldsymbol{A} = \begin{pmatrix} 6 & -2 \\ 2 & 1 \end{pmatrix}$ (2) $\boldsymbol{B} = \begin{pmatrix} 1 & -2 & 0 \\ -1 & 1 & -1 \\ 0 & -2 & 1 \end{pmatrix}$

5.5　Cayley-Hamilton の定理

次に，固有方程式から導かれる有用な Cayley-Hamilton の定理について述べる.

Cayley-Hamilton の定理

n 次正方行列 $\boldsymbol{A}$ の固有多項式は行列式

$$P(\lambda) = |\lambda \boldsymbol{E} - \boldsymbol{A}|$$

で表され，固有値 $\boldsymbol{\lambda}$ は固有方程式 $P(\lambda) = 0$ を満たす. このとき，λ を行列 $\boldsymbol{A}$ に置き換えた $P(\boldsymbol{A}) = \boldsymbol{O}$ が成り立つ.

具体的に，2 次正方行列 $\boldsymbol{A} = \begin{pmatrix} a & b \\ c & d \end{pmatrix}$ の固有値方程式は

$$P(\lambda) = |\lambda \boldsymbol{E} - \boldsymbol{A}| = \lambda^2 - (a+d)\lambda + (ad - bc) = 0$$

であるので，Cayley-Hamilton の定理は，変数 λ を $\boldsymbol{A}$ に置き換えた

$$P(\boldsymbol{A}) = \boldsymbol{A}^2 - (a+d)\boldsymbol{A} + (ad-bc)\boldsymbol{E} = \boldsymbol{O}$$

で与えられる. このことは

$$\boldsymbol{A}\{\boldsymbol{A} - (a+d)\boldsymbol{E}\} = \begin{pmatrix} a & b \\ c & d \end{pmatrix} \begin{pmatrix} -d & b \\ c & -a \end{pmatrix} = \begin{pmatrix} -ad+bc & 0 \\ 0 & bc-ad \end{pmatrix}$$

$$= -(ad-bc)\boldsymbol{E}$$

として確認できる.

この定理を利用することで, 逆行列や行列の累乗などを求めることができる. そこで, まず, 例 5.10 で使用した行列 $\boldsymbol{A} = \begin{pmatrix} 3 & 4 & 6 \\ 0 & -1 & 2 \\ 1 & -5 & 7 \end{pmatrix}$ の逆行列を求める. $|\boldsymbol{A}| = 23$ より, 逆行列が存在する. 固有方程式

$$P(\lambda) = |\lambda\boldsymbol{E} - \boldsymbol{A}| = \begin{vmatrix} \lambda-3 & -4 & -6 \\ 0 & \lambda+1 & -2 \\ -1 & 5 & \lambda-7 \end{vmatrix} = \lambda^3 - 9\lambda^2 + 15\lambda - 23$$

に対して, Cayley-Hamilton の定理より,

$$P(\boldsymbol{A}) = \boldsymbol{A}^3 - 9\boldsymbol{A}^2 + 15\boldsymbol{A} - 23\boldsymbol{E} = \boldsymbol{O}$$

が成り立つ. 両辺に $\boldsymbol{A}^{-1}$ をかけて

$$\boldsymbol{A}^2 - 9\boldsymbol{A} + 15\boldsymbol{E} - 23\boldsymbol{A}^{-1} = \boldsymbol{O}$$

となる. つまり,

134 第5章 ベクトルと行列

$$A^{-1} = \frac{1}{23}(A^2 - 9A + 15E)$$

$$= \frac{1}{23}\left(\begin{pmatrix} 3 & 4 & 6 \\ 0 & -1 & 2 \\ 1 & -5 & 7 \end{pmatrix}\begin{pmatrix} 3 & 4 & 6 \\ 0 & -1 & 2 \\ 1 & -5 & 7 \end{pmatrix}\right.$$

$$\left. -9\begin{pmatrix} 3 & 4 & 6 \\ 0 & -1 & 2 \\ 1 & -5 & 7 \end{pmatrix} + 15\begin{pmatrix} 1 & 0 & 0 \\ 0 & 1 & 0 \\ 0 & 0 & 1 \end{pmatrix}\right)$$

$$= \frac{1}{23}\begin{pmatrix} 3 & -58 & 14 \\ 2 & 15 & -6 \\ 1 & 19 & -3 \end{pmatrix}$$

となる.

次に, 例 5.13 (1) で使用した行列 $A = \begin{pmatrix} 2 & 3 \\ 1 & 4 \end{pmatrix}$ を用いて, 行列 A の累乗 A^n を求める. Cayley-Hamilton の定理より,

$$P(A) = A^2 - 6A + 5E = (A - E)(A - 5E) = O$$

が成り立つ. ここで, 行列 A を形式的に変数 x で表すと, 行列 A の累乗 A^n は x^n となる. そして, x^n を $P(x) = (x-1)(x-5)$ で割ったときの, 商を $Q(x)$, 余りを $p_n x + q_n$ とすると,

$$x^n = P(x)Q(x) + p_n x + q_n = (x-1)(x-5)Q(x) + p_n x + q_n$$

となり, 剰余の定理から

$$1^n = p_n + q_n$$
$$5^n = 5 \cdot p_n + q_n$$

が成り立つ. つまり,

$$p_n = \frac{5^n - 1}{4}, \quad q_n = \frac{5 - 5^n}{4}$$

が求まる．変数 x を行列 $\boldsymbol{A}$ に戻すことにより，行列 $\boldsymbol{A}$ の累乗 $\boldsymbol{A}^n$

$$\boldsymbol{A}^n = P(\boldsymbol{A})Q(\boldsymbol{A}) + p_n\boldsymbol{A} + q_n\boldsymbol{E} = p_n\boldsymbol{A} + q_n\boldsymbol{E} = \frac{5^n - 1}{4}\boldsymbol{A} + \frac{5 - 5^n}{4}\boldsymbol{E}$$

$$= \frac{5^n - 1}{4}\begin{pmatrix} 2 & 3 \\ 1 & 4 \end{pmatrix} + \frac{5 - 5^n}{4}\begin{pmatrix} 1 & 0 \\ 0 & 1 \end{pmatrix} = \begin{pmatrix} \dfrac{5^n + 3}{4} & \dfrac{3 \cdot 5^n - 3}{4} \\ \dfrac{5^n - 1}{4} & \dfrac{3 \cdot 5^n + 1}{4} \end{pmatrix}$$

を求めることができる．

5.6 線形変換の幾何学

　ここでは，線形変換に関する固有値や固有ベクトルとの関係について説明する．

　n 次正方行列 $\boldsymbol{A}$ による線形変換 $\boldsymbol{x}' = \boldsymbol{A}\boldsymbol{x}$ は，点 $\boldsymbol{x}$ を行列 $\boldsymbol{A}$ の固有ベクトル $\boldsymbol{e}_1, \boldsymbol{e}_2, \cdots, \boldsymbol{e}_n$ 方向の和

$$\boldsymbol{x} = c_1\boldsymbol{e}_1 + c_2\boldsymbol{e}_2 + \cdots + c_n\boldsymbol{e}_n$$

に分解できる．ただし，$c_1, c_2, \cdots, c_n$ はそれぞれの固有ベクトルの係数である．さらに，方向ごとに固有値 $\lambda_1, \lambda_2, \cdots, \lambda_n$ 倍することで，写像先 $\boldsymbol{x}'$ は

$$\boldsymbol{x}' = \lambda_1 c_1\boldsymbol{e}_1 + \lambda_2 c_2\boldsymbol{e}_2 + \cdots + \lambda_n c_n\boldsymbol{e}_n$$

により得られる．

　例 5.13（1）で使用した行列 $\boldsymbol{A} = \begin{pmatrix} 2 & 3 \\ 1 & 4 \end{pmatrix}$ を用いて，点 $\boldsymbol{x} = \begin{pmatrix} -1 \\ 2 \end{pmatrix}$ を線形変換 $\boldsymbol{x}' = \boldsymbol{A}\boldsymbol{x}$ した写像を幾何学的に説明する．ここで，写像先 $\boldsymbol{x}'$ は

$$\boldsymbol{x}' = \boldsymbol{A}\boldsymbol{x} = \begin{pmatrix} 2 & 3 \\ 1 & 4 \end{pmatrix}\begin{pmatrix} -1 \\ 2 \end{pmatrix} = \begin{pmatrix} 4 \\ 7 \end{pmatrix}$$

である．固有ベクトルを

$$e_1 = \begin{pmatrix} -3 \\ 1 \end{pmatrix} \quad (\lambda = 1 \text{ のとき}), \quad e_2 = \begin{pmatrix} 1 \\ 1 \end{pmatrix} \quad (\lambda = 5 \text{ のとき}),$$

とすると, 点 $x = \begin{pmatrix} -1 \\ 2 \end{pmatrix}$ は, $x = c_1 e_1 + c_2 e_2$ のように固有ベクトル e_1, e_2 方向の和に分解できる. つまり,

$$\begin{pmatrix} -1 \\ 2 \end{pmatrix} = c_1 \begin{pmatrix} -3 \\ 1 \end{pmatrix} + c_2 \begin{pmatrix} 1 \\ 1 \end{pmatrix}$$

となり, これを満たす c_1, c_2 の値は, $c_1 = \frac{3}{4}$, $c_2 = \frac{5}{4}$ である. さらに, 方向ごとに固有値 λ_1, λ_2 倍することで,

$$x' = \begin{pmatrix} 4 \\ 7 \end{pmatrix} = 1 \cdot \frac{3}{4} \cdot \begin{pmatrix} -3 \\ 1 \end{pmatrix} + 5 \cdot \frac{5}{4} \cdot \begin{pmatrix} 1 \\ 1 \end{pmatrix}$$

となる (図 5.9 参照).

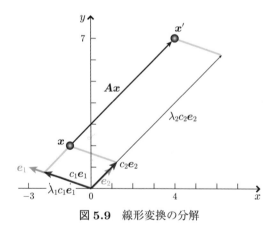

図 5.9 線形変換の分解

章末問題　*137*

第5章　章末問題

5.1

行列 $\boldsymbol{A} = \begin{pmatrix} 1 & 4 \\ 2 & 8 \end{pmatrix}$, $\boldsymbol{B} = \begin{pmatrix} a & b \\ 4 & -1 \end{pmatrix}$ が, $\boldsymbol{AB} = \boldsymbol{BA}$ を満たすとき,

a, b の値はいくらか.

1　$a = 15$　　$b = -8$

2　$a = 8$　　$b = -2$

3　$a = -8$　　$b = 2$

4　$a = -15$　$b = 4$

5　$a = -15$　$b = 8$

［国家Ⅲ種・平成 13 年］

5.2

行列 $\boldsymbol{A} = \begin{pmatrix} 1 & 1 \\ a & -2 \end{pmatrix}$ (a は実数) が等式 $\boldsymbol{A}^4 = \boldsymbol{A}$ を満たすとき, a の値

はいくらか.

1　-4

2　-3

3　-2

4　2

5　3

［国家専門職・平成 27 年］

5.3

行列に関する次の記述のア, イに当てはまるものの組合せとして正しいのは

どれか.

$\boldsymbol{A} = \begin{pmatrix} \dfrac{\sqrt{2}}{2} & -\dfrac{\sqrt{2}}{2} \\ \dfrac{\sqrt{2}}{2} & \dfrac{\sqrt{2}}{2} \end{pmatrix}$ のとき, $\boldsymbol{A}^4 = \boxed{\quad \text{ア} \quad}$ であり, $\boldsymbol{A}^{2011} = \boxed{\quad \text{イ} \quad}$

138　第5章　ベクトルと行列

である.

　　　　　ア　　　　　　イ

1 $\begin{pmatrix} 1 & 0 \\ 0 & 1 \end{pmatrix} \begin{pmatrix} \frac{\sqrt{2}}{2} & -\frac{\sqrt{2}}{2} \\ \frac{\sqrt{2}}{2} & \frac{\sqrt{2}}{2} \end{pmatrix}$

2 $\begin{pmatrix} 0 & -1 \\ 1 & 0 \end{pmatrix} \begin{pmatrix} \frac{\sqrt{2}}{2} & -\frac{\sqrt{2}}{2} \\ \frac{\sqrt{2}}{2} & \frac{\sqrt{2}}{2} \end{pmatrix}$

3 $\begin{pmatrix} 0 & -1 \\ 1 & 0 \end{pmatrix} \begin{pmatrix} -\frac{\sqrt{2}}{2} & -\frac{\sqrt{2}}{2} \\ \frac{\sqrt{2}}{2} & -\frac{\sqrt{2}}{2} \end{pmatrix}$

4 $\begin{pmatrix} -1 & 0 \\ 0 & -1 \end{pmatrix} \begin{pmatrix} \frac{\sqrt{2}}{2} & -\frac{\sqrt{2}}{2} \\ \frac{\sqrt{2}}{2} & \frac{\sqrt{2}}{2} \end{pmatrix}$

5 $\begin{pmatrix} -1 & 0 \\ 0 & -1 \end{pmatrix} \begin{pmatrix} -\frac{\sqrt{2}}{2} & -\frac{\sqrt{2}}{2} \\ \frac{\sqrt{2}}{2} & -\frac{\sqrt{2}}{2} \end{pmatrix}$

［国家Ⅱ種・平成23年］

5.4

行列 $\boldsymbol{A} = \begin{pmatrix} 1 & 2 & 1 \\ 0 & 1 & 1 \\ 0 & 0 & 1 \end{pmatrix}$ のとき，$\boldsymbol{A}^{100}$ として正しいのはどれか.

1 $\begin{pmatrix} 1 & 200 & 100 \\ 0 & 1 & 100 \\ 0 & 0 & 1 \end{pmatrix}$

2 $\begin{pmatrix} 1 & 200 & 1000 \\ 0 & 1 & 100 \\ 0 & 0 & 1 \end{pmatrix}$

章末問題　*139*

$$3 \quad \begin{pmatrix} 1 & 200 & 10000 \\ 0 & 1 & 100 \\ 0 & 0 & 1 \end{pmatrix}$$

$$4 \quad \begin{pmatrix} 1 & 2^{100} & 100 \\ 0 & 1 & 100 \\ 0 & 0 & 1 \end{pmatrix}$$

$$5 \quad \begin{pmatrix} 1 & 2^{100} & 1000 \\ 0 & 1 & 100 \\ 0 & 0 & 1 \end{pmatrix}$$

［国家総合職・平成 25 年］

5.5

2 次正方行列で表される 1 次変換 f によって，点 $(1,\ 0)$，$(0,\ 1)$ はそれぞれ $(1,\ 2)$，$(2,\ -1)$ に移される．f によって点 $(-1,\ 1)$ はどこに移されるか．

1 $(3,\ 1)$

2 $(1,\ -3)$

3 $(-3,\ -3)$

4 $(-1,\ 3)$

5 $(3,\ -1)$

［地方上級・平成 25 年］

5.6

2 つのベクトル $\vec{A} = (0,\ 1,\ 1)$，$\vec{B} = (1,\ 0,\ 1)$ のなす角度を求めよ．

1 $15°$

2 $30°$

3 $45°$

4 $60°$

5 $75°$

［地方上級・平成 24 年］

140   第5章　ベクトルと行列

5.7

空間内に3点 A(2, 1, 2), B(3, 2, 2), C(1, −1, 3) がある．このとき，
∠BAC の大きさはいくらか

1　30°

2　60°

3　90°

4　120°

5　150°

［労働基準監督官 B・平成 25 年］

問の解答

第 1 章

問 1.1 (1) 商が $x^2 - 3x + 7$ で余りが -15 (2) 商が $x + 2$ で余りが 9

問 1.2 (1) $(2x - 1)(2x - 5)$ だから解は 0.5 と 2.5 (2) $(5x + 2)(x - 1)$ だから解は -0.4 と 1

問 1.3 (1) $\dfrac{1 + \sqrt{7}}{3}$ および $\dfrac{1 - \sqrt{7}}{3}$ (2) $\dfrac{5 + i\sqrt{7}}{4}$ および $\dfrac{5 - i\sqrt{7}}{4}$

問 1.4 $(2\alpha - 1) + (2\beta - 1) = -1, (2\alpha - 1)(2\beta - 1) = -8$ より $x^2 + x - 8 = 0$

問 1.5 (1) $x < -\dfrac{3}{2}, x > 0$ (2) $1 \le x \le 3$

第 2 章

問 2.1 (1) 比が一定 6 (2) 比が一定 $\dfrac{1}{3}$ (3) 差からつくられる数列の差が一定 2 (4) 前 2 つの項の和が後ろの数となる（フィボナッチ数列）

問 2.2 (1) $a_n = 3n + 1$ (2) $a_n = 4n - 3$

問 2.3 (1) $n(n + 3)$ (2) 190 (3) $n(3n - 2)$

問 2.4 (1) $a_n = 4 \times 6^{n-1}$ (2) $a_n = 4^{n-1}$ (3) $a_n = \left(\dfrac{1}{3}\right)^n$

問 2.5 (1) 1020 (2) $\dfrac{4^n - 1}{3}$ (3) $\dfrac{1}{2}\left\{1 - \left(\dfrac{1}{3}\right)^n\right\}$ (4) 553

問 2.6 7141995

問 2.7 $\dfrac{1}{2}\left(\dfrac{3}{2} - \dfrac{1}{n + 1} - \dfrac{1}{n + 2}\right)$

問 2.8 (1) $\dfrac{1}{4}$ (2) 60

問 2.9 $-\dfrac{c_1}{1 - c_1}$

問 2.10 (1) 42 (2) 61 (3) 1556 (4) 683 (5) 152

問 2.11 (1) $a_n = 1 + (n - 1)^2$ (2) $a_n = \dfrac{1}{2}(3^n - 1)$

第 3 章

問 3.1 (1) 代入して確かめる. $f(2) = 13.5$, $f(-2) = -16.5$

142　問の解答

問 3.2　(1) 傾き 7，切片 -25　(2) 傾き $-\dfrac{1}{5}$，切片 3　※グラフは省略

問 3.3　(1) $y = \dfrac{1}{2}x$　(2) $y = -\dfrac{1}{2}x + 1$　(3) $y = -\dfrac{1}{2}x - 1$　(4) $y = 2x - 2$

問 3.4　(1) $y = \dfrac{x}{3} + \dfrac{2}{3}$　(2) $y = 2x - 6$　(3) $y = -\dfrac{1}{3}x + \dfrac{1}{3}$

問 3.5　(1) $y = 4x + 3$　(2) $y = \dfrac{1}{4}x + 5$

問 3.6　(1) $y = x^2 - x - 6 = \left(x - \dfrac{1}{2}\right)^2 - \dfrac{25}{4}$，軸 $x = \dfrac{1}{2}$ と頂点の座標 $\left(\dfrac{1}{2}, -\dfrac{25}{4}\right)$

(2) $y = \dfrac{1}{2}x^2 + 3x - \dfrac{7}{2} = \dfrac{1}{2}(x+3)^2 - 8$，軸 $x = -3$ と頂点の座標 $(-3, -8)$

問 3.7　(1) $y = x^2 - x - 6 = (x-3)(x+2)$ より，$x = 3, -2$

(2) $y = \dfrac{1}{2}x^2 + 3x - \dfrac{7}{2} = \dfrac{1}{2}(x-1)(x+7)$ より，$x = 1, -7$

問 3.8　(1) $2x^2 + x - 6 = (2x-3)(x+2) = 0$ より，$x = \dfrac{3}{2}, -2$

(2) $6x^2 - 7x - 3 = (2x-3)(3x+1) = 0$ より，$x = \dfrac{3}{2}, -\dfrac{1}{3}$

問 3.9　(1) $y = \dfrac{3x+2}{2x-1} = \dfrac{3}{2} + \dfrac{\frac{7}{4}}{x - \frac{1}{2}}$ より，$x = \dfrac{1}{2}, y = \dfrac{3}{2}$

(2) $y = \dfrac{4x-3}{2(x-1)} = 2 + \dfrac{\frac{1}{2}}{x-1}$ より，$x = 1, y = 2$

問 3.10　(1) $(-1, 2)$　(2) $\left(-\dfrac{1}{2}, -3\right)$

問 3.11　(1) 1　(2) $\dfrac{1}{8}$　(3) $\dfrac{1}{9}$

問 3.12　(1) $\dfrac{x}{a}$　(2) $\dfrac{a}{x}$　(3) $\dfrac{(1-a)x}{ay}$　(4) $\dfrac{ay}{(1-a)x}$

問 3.13　(1) 3　(2) 3

問 3.14　対数関数を指数関数に置き換えて，指数の左辺と右辺を比較する

問 3.15　(1) $\dfrac{\sqrt{6} + \sqrt{2}}{4}$　(2) $2 + \sqrt{3}$

第 4 章

問 4.1　(1) 5　(2) 2

問 4.2　$\dfrac{\Delta y}{\Delta x} = \dfrac{(3^2 + 2 \times 3 - 1) - (1^2 + 2 \times 1 - 1)}{3 - 1} = 6$

問の解答　　*143*

問 4.3　(1) $y' = 6x^2$　(2) $y' = -\dfrac{2}{x^3}$

問 4.4　(1) $y' = 2(x+3)(3x+4)$　(2) $y' = -\dfrac{3(3x^2+2)}{(x^3+2x-1)^4}$

問 4.5　$y = \dfrac{1}{x^2}$ の導関数は $y' = -\dfrac{2}{x^3}$ であるから $y = \dfrac{1}{\sqrt{x}}$ の導関数は $y' = -\dfrac{1}{2x\sqrt{x}}$ である.

問 4.6　(1) $y' = -e^{-x}(x+1)(x+3)$　(2) $y' = 2x\cos x^2$

問 4.7　(1) $y^{(n)} = \sin\left(x + \dfrac{n\pi}{2}\right)$

(2) $y^{(n)} = a(a-1)\cdots\cdots(a-n+1)x^{a-n}$

問 4.8　$y = \dfrac{x}{e}$

問 4.9

x	-1	$\cdots$	0	$\cdots$	3	$\cdots$	4
$f'(x)$		$-$	0	$-$	0	$+$	
$f''(x)$			0		$+$		
$f(x)$	6	$\searrow$	1	$\searrow$	-26 極小	$\nearrow$	1

$x = 3$ のときに最小値 -26 をとり, $x = -1$ のときに最大値 6 をとる.

問 4.10　(1) $\dfrac{1}{2\cos^2 x} + C$　(2) $x\sin x + \cos x + C$

問 4.11　(1) $\dfrac{5\sqrt{2}}{12}$　(2) $2 - \dfrac{5}{e}$

問 4.12　$\dfrac{5}{2}$

問 4.13　(1) $z_x = \dfrac{-y}{(x-y)^2}, z_y = \dfrac{x}{(x-y)^2}$

(2) $z_x = e^{x+y}\cos y, z_y = e^{x+y}(\cos y - \sin y)$

第 5 章

問 5.1　(1) $\begin{pmatrix} 2 \\ 3 \end{pmatrix}$　(2) $\begin{pmatrix} 7 \\ 3 \end{pmatrix}$　(3) $\begin{pmatrix} -15 \\ 0 \end{pmatrix}$

144   問の解答

問 5.2 $\begin{cases} x = 4 \\ y = -\dfrac{1}{3} \end{cases}$, $\begin{cases} x = -4 \\ y = -\dfrac{17}{3} \end{cases}$

問 5.3 $\boldsymbol{a} \cdot \boldsymbol{c} = -23,\ \boldsymbol{a} \cdot \boldsymbol{d} = x - 2y + 7z,\ \boldsymbol{b} \cdot \boldsymbol{c} = -29,\ \boldsymbol{b} \cdot \boldsymbol{d} = 6x - 3y + 5z$

問 5.4 (1) $\boldsymbol{a}^{\mathrm{T}} = \begin{pmatrix} 1 \\ 3 \\ 0 \end{pmatrix}$ (2) $\boldsymbol{A}^{\mathrm{T}} = \begin{pmatrix} a & e \\ b & f \\ c & g \\ d & h \end{pmatrix}$

問 5.5 (1) $\begin{pmatrix} 7 & 3 \\ 14 & -10 \end{pmatrix}$ (2) $\begin{pmatrix} 1 & 1 \\ -2 & 2 \end{pmatrix}$ (3) $\begin{pmatrix} 2 & -11 \\ 3 & 10 \end{pmatrix}$

問 5.6 (1) -9 (2) $\begin{pmatrix} -31 \\ 23 \end{pmatrix}$ (3) $\begin{pmatrix} -4 & -12 \\ 60 & 72 \end{pmatrix}$

(4) $\begin{pmatrix} 56 & -8 & 0 \\ -7 & 1 & 0 \\ 91 & -13 & 0 \end{pmatrix}$ (5) $\begin{pmatrix} 3 \\ 41 \\ 2 \end{pmatrix}$ (6) $\begin{pmatrix} 148 & 3 & 76 \\ 38 & 13 & 7 \\ 84 & 11 & 43 \end{pmatrix}$

問 5.7 (1) $\begin{pmatrix} 1 & 0 \\ 3 & 4 \end{pmatrix}$ (2) $\begin{pmatrix} 1 & 0 \\ 15 & 16 \end{pmatrix}$

問 5.8 (1) $\boldsymbol{A}^{-1} = \dfrac{1}{10} \begin{pmatrix} 2 & 1 \\ -4 & 3 \end{pmatrix}$ (2) $\boldsymbol{B}^{-1}$ は存在しない

問 5.9 $|\boldsymbol{A}| = -24$

問 5.10 (1) $\boldsymbol{A}^{-1} = -\dfrac{1}{24} \begin{pmatrix} -8 & -8 & -8 \\ 20 & 11 & 23 \\ -16 & -10 & -10 \end{pmatrix}$

問の解答　*145*

問 5.11　(1) $\begin{pmatrix} x \\ y \end{pmatrix} = \begin{pmatrix} 2 \\ -1 \end{pmatrix}$　(2) $\begin{pmatrix} x \\ y \end{pmatrix} = \begin{pmatrix} -3 \\ 5 \end{pmatrix}$

問 5.12　$x = -2,\ y = 0,\ z = 3$

問 5.13　(1) $\lambda = 2$ のとき，$t \begin{pmatrix} 1 \\ 2 \end{pmatrix}$，$\lambda = 5$ のとき，$t' \begin{pmatrix} 2 \\ 1 \end{pmatrix}$　$(t, t' \neq 0$ は任意の実数)

(2) $\lambda = -1$ のとき，$t \begin{pmatrix} 1 \\ 1 \\ 1 \end{pmatrix}$，$\lambda = 1$ のとき，$t' \begin{pmatrix} -1 \\ 0 \\ 1 \end{pmatrix}$，

$\lambda = 3$ のとき，$t'' \begin{pmatrix} 1 \\ -1 \\ 1 \end{pmatrix}$　$(t, t', t'' \neq 0$ は任意の実数)

章末問題の解答

1.1　4

$$X^4 + Y^4 + 2X^2Y^2 = (X^2 + Y^2)^2$$

となる. ここで $X^2 + Y^2$ について考える.

$$
\begin{aligned}
X^2 + Y^2 &= (X + Y)^2 - 2XY \\
&= \left(\frac{\sqrt{11} + \sqrt{7}}{2} + \frac{\sqrt{11} - \sqrt{7}}{2} \right)^2 - 2 \times \frac{\sqrt{11} + \sqrt{7}}{2} \times \frac{\sqrt{11} - \sqrt{7}}{2} \\
&= \left(\frac{\sqrt{11}}{2} \right)^2 - 2 \times \frac{11 - 7}{4} \\
&= 11 - 2 \\
&= 9
\end{aligned}
$$

よって

$$
\begin{aligned}
X^4 + Y^4 + 2X^2Y^2 &= (X^2 + Y^2)^2 \\
&= 9^2 \\
&= 81
\end{aligned}
$$

となり, 正解は肢 4 となる.

1.2　4

$$
\begin{aligned}
【N】 + 1 &= 2N + 3 + 1 \\
&= 2N + 4 \\
《【N】 + 1》 &= 《2N + 4》 \\
&= 3(2N + 4) - 1 \\
&= 6N + 11
\end{aligned}
$$

148 　章末問題の解答

$$100 \leqq 6N + 11 \leqq 200$$

$$89 \leqq 6N \leqq 189$$

$$\frac{89}{6} \leqq N \leqq \frac{189}{6}$$

$$14\frac{5}{6} \leqq N \leqq 31\frac{1}{2}$$

N は自然数なので，$N = 15$，16，17，$\cdots$，31 の 17 個である．よって正解は肢 4 となる．

1.3 　3

整数にするには $\sqrt{\bigcirc^2}$ の形にしなければならない．$10800 = 2^4 \times 3^3 \times 5^2$ より $\sqrt{\bigcirc^2}$ の形にする為には m は 5 と 2 と 3 の組み合わせてかつ，指数を偶数にしなければならない．そのためには m は，

「2」$\Rightarrow 2^0$，2^2，2^4 の 3 通り

「3」$\Rightarrow 3^1$，3^3 の 2 通り

「5」$\Rightarrow 5^0$，5^2 の 2 通り

よって，2，3，5 の組合せの個数は $3 \times 2 \times 2 = 12$ 通り．この組合せの個数だけ自然数 m はあるので，全部で 12 個となり，正解は肢 3 となる．

1.4 　3

最大公約数を G とおき，最小公倍数を L とおくと，

$$G = 14, \ L = 420$$

とおける．最大公約数と最小公倍数の関係より，

$$L = abG \quad (a, b \text{ は互いに素})$$

となり，

$$420 = 14ab$$

$$ab = 30 \cdots ①$$

また，$A + B = 182$ より

章末問題の解答　　149

$$(a + b)G = 182$$

$G = 14$ より

$$a + b = 13 \cdots ②$$

　①，②より，これを満たす ab は

$$(a, b) = (3, 10),\ (10, 3)$$

となり，$A > B$ より，$(a, b) = (10, 3)$
　以上より，

$$A = 10 \times 14 = 140$$

$$B = 3 \times 14 = 42$$

となり，

$$A - B = 140 - 42 = 98$$

より正解は肢 3 となる．

| 1.5 | 2

　まず，4 の倍数になるためには「下二桁が 4 の倍数」になればよいから，$B = 0, 2, 4, 6, 8$

　また，3 の倍数になるためには「すべての位の和が 3 の倍数」になればよいから，B の値で分けて考える．

(1) $B = 0$ の時，$9 + A + 3 + 6 + 0 + 8 = 26 + A$
　　これが，3 の倍数になるには，$A = 1, 4, 7$ の 3 通り

(2) $B = 2$ の時，$9 + A + 3 + 6 + 2 + 8 = 28 + A$
　　これが，3 の倍数になるには，$A = 2, 5, 8$ の 3 通り

(3) $B = 4$ の時，$9 + A + 3 + 6 + 4 + 8 = 30 + A$
　　これが，3 の倍数になるには，$A = 0, 3, 6, 9$ の 4 通り

(4) $B = 6$ の時，$9 + A + 3 + 6 + 6 + 8 = 32 + A$
　　これが，3 の倍数になるには，$A = 1, 4, 7$ の 3 通り

(5) $B = 8$ の時，$9 + A + 3 + 6 + 8 + 8 = 34 + A$

150   章末問題の解答

これが，3 の倍数になるには，$A = 2, 5, 8$ の 3 通り
となり，合計 16 通りだから肢 2 が正解．

1.6 1

求める分数を $\dfrac{B}{A}$ とする．

$\dfrac{28}{27} \times \dfrac{B}{A}$ が自然数になるためには，A は 28 の約数，B は 27 の倍数でなければな
らない．

同様に $\dfrac{238}{54} \times \dfrac{B}{A}$ が自然数になるためには，A は 238 の約数，B は 54 の倍数でな
ければならない．

A は 28 と 238 の最大公約数なので 14，B は 27 と 54 の最小公倍数なので 54 と
なる．

よって，求める分数は $\dfrac{54}{14} = \dfrac{27}{7}$．このとき分子と分母の和は $27 + 7 = 34$ となる
が選択肢にない．$\dfrac{54}{14}$ で考えると，$54 + 14 = 68$ となり，正解は肢 1 となる．

1.7 5

15120 を因数分解すると

$$15120 = 2^4 \times 3^3 \times 5 \times 7$$

となる．

これより，約数の個数は

$$(4 + 1)(3 + 1)(1 + 1)(1 + 1) = 80$$

よって 80 通りで，正解は肢 5 となる．

1.8 1

pq のすべての約数の和の公式より，

$$
\begin{aligned}
pq \text{ のすべての約数の和} &= (p^0 + p^1)(q^0 + q^1) \\
&= (1 + p)(1 + q) \\
&= 1 + p + q + pq
\end{aligned}
$$

となる．これが $2pq$ なので，

章末問題の解答　　*151*

$$1 + p + q + pq = 2pq$$

$$1 + p + q = pq$$

となる．つまり p と q は和と積の差が 1 の素数なので，p と q は 2 と 3（順不同）であることがわかる．よって $pq = 2 \times 3 = 6$ より，肢 1 の 5 が最も近い．

1.9 　1

割って余る数と，割り切るために不足している数をまとめる．

割る数	余り	不足数
5	4	1
6	5	1
7	6	1

すると，余りは違うが，不足数は一致しているので不足数でまとめる．

求める数（x とする）に「1」足せば，「5 でも 6 でも 7 でも割り切れる」数になるのだから，n を自然数としてこの 3 つの数の最小公倍数（210）を考えると，

$$x + 1 = 210n$$

と表すことができる．これを変形して，$x = 210n - 1$

この最小の自然数は，$n = 1$ の時，$x = 209$　よって，各ケタの和 $= 11$

1.10 　5

余りが同じなので，ある数から余りを引くと 6 でも 8 でも割り切れる．6 と 8 の最小公倍数は 24 なので，ある数を N とすると，

$$N - 4 = 24n$$

$$N = 24n + 4$$

この数が 1000 以下の自然数なので，

152　章末問題の解答

$$1 \leqq 24n + 4 \leqq 1000$$

$$-3 \leqq 24n \leqq 996$$

$$-\frac{3}{24} \leqq n \leqq 41\frac{1}{2}$$

となる．これを満たす n は $0 \sim 41$ の 42 個となり，正解は肢 5 となる．

$\boxed{1.11}$　3

$$5 で割ると 2 余る数\cdots 2, 7, 12, 17, 22, \cdots$$

$$7 で割ると 3 余る数\cdots 3, 10, 17, 24, 31 \cdots$$

となり，「5 で割ると 2 余り，7 で割ると 3 余る」数の中で最も小さい数は 17 であることがわかる．

この次に小さい数を考える．「5 で割ると 2 余る数」は，17 に対して 5 の倍数を足していった数になり，「7 で割ると 3 余る数」は，17 に対して 7 の倍数ずつ足していった数になる．つまり，これらの数が一致するのは 5 と 7 の最小公倍数を考えて，17 に対して 35 の倍数を足していった数，ということになる．

n を自然数として，この数を表すと，「$17 + 35n$」となるから，これを 35 で割った余りは 17，となり肢 3 が正解．

$\boxed{1.12}$　3

条件をまとめると以下のようになる．

割る数	余り	不足数
2	1	1
3	2	1
5	3	2
7	6	1
8	7	1

5 以外は不足数が一致しているので，ある数を N とすると，

$$N + 1 = 2 \text{ と } 3 \text{ と } 7 \text{ と } 8 \text{ の公倍数}$$

$$= 168n$$

$$N = 168n - 1$$

n と N を表にまとめると以下のようになる.

n	1	2	3	$\cdots$
N	167	335	503	$\cdots$

この中で，5 で割ると 3 余る数は 503 となる．よって正解は肢 3 となる.

1.13　2

ある数を ab とする．「10 の位と 1 の位を入れ替えた数字はもとの数の 3 倍よりも 38 少ない数字」より，

$$3(10a + b) - 38 = 10b + a$$

$$29a = 7b + 38$$

となる．また 5 で割ると 2 余るので，b は 2 か 7 である．これを上記の式に代入すると，

(1) $b = 2$ のとき $a = \dfrac{52}{29}$　（割り切れないので不適）

(2) $b = 7$ のとき $a = 3$

よって，ある数は 37 となり，1 の位と 10 の位を足すと 10 となり，正解は肢 2 となる.

1.14　4

A の黒の碁石を x，B の白の碁石を y，B の黒の碁石を z と置く.

イ　$z \geqq 2x$

ウ　$x + z = 11$

エ　$y + z < 7 + x$

ウをイに代入して，

$$11 - x \geqq 2x$$

$$11 \geqq 3x$$

154   章末問題の解答

となるので，x は 1, 2, 3 のいずれかである．
(1) $x = 1$ のとき　ウより $z = 10$　これはエの不等式に反するので不適．
(2) $x = 2$ のとき　ウより $z = 9$　これもエの不等式に反するので不適．
(3) $x = 3$ のとき　ウより $z = 8$　これを満たす y の値は 1 となる．
よって，B が持っている碁石の個数の差は 7 となり正解は肢 4 となる．

1.15　4

逃がしていく状況を表にまとめる．ある生物が 1 日目の朝にいる個数を x，逃がす個数を y として前半部分をまとめると以下のようになる．

	1 日目	2 日目	3 日目
朝	x	$2(x - y)$	$2(2x - 3y)$
逃がす	y	y	y
夜	$x - y$	$2(x - y) - y$ $= 2x - 3y$	0

3 日目でちょうどいなくなるので，

$$2(2x - 3y) = y$$
$$4x - 7y = 0 \cdots ①$$

後半部分をまとめると以下のようになる．

	1 日目	2 日目
朝	x	$2(x - y - 10)$
逃がす	$y + 10$	$y + 10$
夜	$x - (y + 10)$	0

2 日目でちょうどいなくなるので，

$$2(x - y - 10) = y + 10$$
$$2x - 3y = 30 \cdots ②$$

①②より

$$x = 105$$
$$y = 60$$

となり，正解は肢 4 となる．

1.16 2

球根の数を x 個，プランターの数を y 個とする．条件を式にする．

　ア　$x - 60y = -150$
　イ　$x - 40y > 430$
　ウ　$x - \left(60 \times \dfrac{1}{2}y + 40 \times \dfrac{1}{2}y\right) < 160$
　　　$x - 50y < 160$

まずアを変形する．

$$x = 60y - 150 \cdots \text{①}$$

①をイに代入する．

$$60y - 150 - 40y > 430$$
$$y > 29 \cdots \text{②}$$

①をウに代入する．

$$60y - 150 - 50y < 160$$
$$y < 31 \cdots \text{③}$$

②，③より $29 < y < 31$ となり，この範囲の整数は $y = 30$ のみとなる．$y = 30$ を①に代入すると $x = 1650$ となる．
よって正解は肢 2 となる．

2.1 1

数列の規則性を見つける．

ア　1，5，13，　　A　　，61

　　　　　　4　　8

最初の 2 つは $+2^2$，$+2^3$ となっているので，この規則性で $+2^4 (= 16)$，$+2^5 (=$

156   章末問題の解答

32) となっていると考えられる．A の次の 61 は $13 + 16 + 32 = 61$ なのでこの推測が正しいと判断できる．

よって A に入る数は $13 + 16 = 29$ とわかる．

イ 2, 8, 44, 260, $\boxed{ \text{B} }$
         6   36   216

最初の 3 つは $+6$，$+6^2$，$+6^3$ となっているので，この規則性で $+6^4 (= 1296)$ となっていると考えられる．

よって B に入る数は $260 + 1296 = 1556$ とわかる．

ウ 3, 11, 43, $\boxed{ \text{C} }$, 683
         8   32

最初の 2 つは $+2^3$，$+2^5$ となっているので，この規則性で 2 の奇数乗だけ増えていくと考えられるので $+2^7 (= 128)$，$+2^9 (= 512)$ となっていると考えられる．C の次の 683 は $43 + 128 + 512 = 683$ なのでこの推測が正しいと判断できる．

よって C に入る数は $43 + 128 = 171$ とわかる．

エ 4, 14, 42, 88, $\boxed{ \text{D} }$
         10   28   46
            18   18

最初の 3 つは $+18$ の階差数列になっているので，88 の次は $46 + 18 = 64$ 増えている．よって D に入る数は $88 + 64 = 152$ とわかる．

以上より，$A + B + C + D = 29 + 1556 + 171 + 152 = 1908$ となり，肢 1 が正解．

2.2 3

$$求める総和 = (1～200 の和) - (7 の倍数の和)$$
$$= \frac{200 \times 201}{2} - (7 + 14 + \cdots + 196)$$
$$= 20100 - 7(1 + 2 + \cdots + 28)$$
$$= 20100 - 7 \times \frac{28 \times 29}{2}$$
$$= 20100 - 2842$$
$$= 17258$$

2.3 3

並び方の規則性を考える．5個ずつで区切れば，どの組も，$(3,6,3,3,9)$ となっているとわかる．

数字は全部で 113 個，それを 5 個ずつ区切ると，

$$113 \div 5 = 22 \cdots 3$$

で，22 組．各組には 3 個ずつ数字 3 が含まれているから，3 は，

$$3 \times 22 = 66 \,(個)$$

余り 3 個の数は，先頭から $(3,6,3)$ で，3 は 2 個含まれているから，合計 68 個．

2.4 3

白の碁石は最初は 1 個で，次に白が出てくるときは 5 個増えて，次は 9 個増えている．

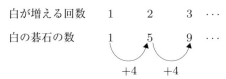

これは初項が 1，公差が 4 の等差数列なので一般項は

158   章末問題の解答

$$a_n = 1 + 4(n - 1)$$
$$= 4n - 3$$

となる. 最初に白の碁石の総数が 120 になったときを n 項とすると, 初項が 1, 末項が $4n - 3$, 項数が n の等差数列の和なので

$$S_n = \frac{n(1 + 4n - 3)}{2}$$

となり, これが 120 になればよい.

$$\frac{n(1 + 4n - 3)}{2} = 120$$

$$2n^2 - n - 120 = 0$$
$$(2n + 15)(n - 8) = 0$$
$$n = -\frac{15}{2}, 8$$

n は正の整数なので, $n = 8$ のときに 120 個になる.
1 辺の碁石の数は $(a_n + 1) \div 2$ で求めることができるので,

$$(a_8 + 1) \div 2 = (4 \times 8 - 3 + 1) \div 2$$
$$= 15$$

で 15 個となり, 正解は肢 3 となる.

$\boxed{2.5}$ 3

1 回目に出てくる 5 は 3 段目, 2 回目に出てくる 13 は 5 段目, 3 回目に出てくる 25 は 7 段目…, と 2 段ずつ増えている. よって, 順に考えると, 30 回目に出てくる求める数は 61 段目 $(1 + 2 \times 30)$ であることがわかる. つまり, 61 段目の真ん中の数が求める数ということになる. 各段の右端の数を考えると,

$$1, \ 1 + 2, \ 1 + 2 + 3, \ 1 + 2 + 3 + 4, \ \cdots$$

よって, n 段目の右端の数 $= 1 + 2 + 3 + \cdots + n$
すると, 61 段目の左端 $=$ 60 段目の右端 $+ 1 = 60 \times 61 \div 2 + 1 = 1831$
さらに, 61 段目の右端 $= 61 \times 62 \div 2 = 1891$

章末問題の解答   *159*

この平均が真ん中だから，$(1831 + 1891) \div 2 = 1861$ となり，肢 3 が正解.

《**別 解**》

1 の真下にくる数字を並べていくと次のようになる.

$$1, 5, 13, 25, \cdots$$

これについて，隣り合う数字の差（階差）をとって規則性を調べると，次のように階差数列が等差数列になっていることがわかる.

$$1, \quad 5, \quad 13, \quad 25, \quad \cdots, \quad \boxed{31\,番目}$$
$$4, \quad 8, \quad 12, \quad \cdots, \quad \boxed{30\,番目}$$

もとの数列の第 31 項（1 から数えて 30 回目だから，項数は 31 となる.）の数字を求めるためには，最初の数字（初項）に，階差数列の 30 番目までの数字の和を加えればよい. 階差数列は，初項 4，公差（隣接数字間の差）4 の等差数列なので，30 番目の数字は，

$$4 + (30 - 1) \times 4 = 120$$

となる. したがって階差数列の 30 番目までの和は，

$$4 + 8 + 12 + \cdots + 120 = (4 + 120) \times 30 \div 2 = 1860$$

これより，もとの数列の第 31 項（30 回目に真下にくる数字）は，

$$1 + 1860 = 1861$$

である. よって，正解は肢 3 である.

$\boxed{2.6}$ 5

「3 で割ると 2 余り，かつ 4 で割ると 3 余る」という条件を満たす数を N とする. N に 1 を足すと 3 でも 4 でも割り切れるので，

$$N + 1 = 3 と 4 の公倍数$$
$$N = 12n - 1 \quad (n \text{ は整数})$$

と表すことができる.

160   章末問題の解答

この数が3桁なので，$100 \leqq 12n - 1 \leqq 999$ となる．この連立不等式を解くと，$8.4 \cdots \leqq n \leqq 83.3 \cdots$ となり n は 9〜83 の整数と分かる．

$$n = 9 \text{ のとき,} \quad N = 12 \times 9 - 1 = 107$$

$$n = 83 \text{ のとき,} \quad N = 12 \times 83 - 1 = 995$$

n が 9 から 83 まで 75 項あり，初項が 107，末項が 995 の等差数列の和なので，

$$S_{26} = \frac{75(107 + 995)}{2} = 41325$$

となり，正解は肢 5 となる．

2.7   5

n 年目には A を含めて a_n 人が言語 x を習得しているとすると，

$$a_1 = 1 + 10 = 11$$

$$a_2 = a_1 + 10a_1 = 11a_1 = 11 \times 11^1$$

$$a_3 = a_2 + 10a_2 = 11a_2 = 11 \times 11^2$$

$$\cdots$$

となっているので，数列 $\{a_n\}$ は初項 11，公比 11 の等比数列である．したがって，

$$a_n = 11 \cdot 11^{n-1} = 11^n$$

となるので，6 年目には，

$$a_6 = 11^6 = (11^3)^2 = 1331^2 = 1,771,561 \text{（人）}$$

が，習得していることになる．よって正解は肢 5 である．

2.8   4

最初の 1 時間後は何もしないので 1 台のままである．

2 時間後は 1 台作るので 2 台．

3 時間後はまた 1 台作るのでプラス 1 台となり，先ほど作られたロボットは何もしないのでそのままである．よって合計 3 台となる．その後，最初の 1 時間を○，以後複製するようになったものを●とすると以下のようになる．

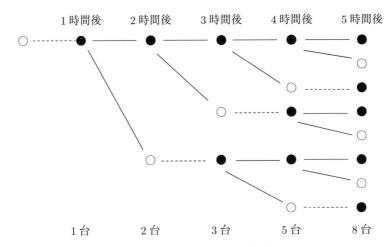

これらは 1, 2, 3, 5, 8 … と増えている．このまま樹形図を完成していってもよいが，前 2 つの和が，後ろの数になっていることに注目して，1, 2, 3, 5, 8, 13, 21 …として求めてもよい．
すると，7 時間後は 21 台となり，肢 4 が正解．

2.9 1

例えば，$\frac{1}{2 \times 4}$ について考えると，$\left(\frac{1}{2} - \frac{1}{4}\right) = \frac{4-2}{2 \times 4} = \frac{2}{8}$ となるから，$\frac{1}{2 \times 4} = \frac{1}{2}\left(\frac{1}{2} - \frac{1}{4}\right)$ と式変形できる．同様に考えると，

$$\frac{1}{1 \times 3} + \frac{1}{2 \times 4} + \frac{1}{3 \times 5} + \cdots + \frac{1}{18 \times 20} + \frac{1}{19 \times 21} + \frac{1}{20 \times 22}$$
$$= \frac{1}{2}\left(\frac{1}{1} - \frac{1}{3}\right) + \frac{1}{2}\left(\frac{1}{2} - \frac{1}{4}\right) + \frac{1}{2}\left(\frac{1}{3} - \frac{1}{5}\right) + \cdots$$
$$\quad + \frac{1}{2}\left(\frac{1}{18} - \frac{1}{20}\right) + \frac{1}{2}\left(\frac{1}{19} - \frac{1}{21}\right) + \frac{1}{2}\left(\frac{1}{20} - \frac{1}{22}\right)$$
$$= \frac{1}{2}\left(\frac{1}{1} + \frac{1}{2} - \frac{1}{21} - \frac{1}{22}\right) = \frac{1}{2} \times \frac{21 \times 22 + 21 \times 11 - 22 - 21}{21 \times 22}$$
$$= \frac{1}{2} \times \frac{462 + 231 - 22 - 21}{462} = \frac{325}{462}$$

となる．以上より肢 1 が正解となる．

162   章末問題の解答

$\boxed{3.1}$ 4

式を変形する.

$$2(x^2 - 2x + 1) - 2 - 50 < 0$$
$$2(x - 1)^2 < 52$$
$$(x - 1)^2 < 26$$

これより，「$x - 1$」の絶対値が 5 以下ならば成り立つことがわかる.
① x が正のとき…$1, 2, 3, 4, 5, 6$
② x が 0 のとき…0
③ x が負のとき…$-1, -2, -3, -4$
となり，合計 11 個であるから，肢 4 が正解.

$\boxed{3.2}$ 3

値上げを x 円とすると売り上げ y は以下のように表すことができる.

$$y = (120 + x)(780 - 3x)$$
$$= 120 \times 780 - 360x + 780x - 3x^2$$
$$= -3(x^2 - 140x - 31200)$$

これは上に凸のグラフなので，$x^2 - 140x - 31200$ の極大値の時に最大値になる.
平方完成すると $x^2 - 140x - 31200 = (x - 70)^2 - 26300$ より，$x = 70$ の時に最大値になる. このときの売り上げは，

$$y = (120 + 70)(780 - 3 \times 70)$$
$$= 190 \times 570$$
$$= 108,300$$

となり正解は肢 3 となる.

$\boxed{3.3}$ 1

製品 A を x 個，製品 B を y 個製造すると，人件費・原料費の上限より以下の不等式を作ることができる.

人件費　$3x + 2y \leqq 130$　⇒　$y \leqq -\dfrac{3}{2}x + 65$　…①

原料費　$4x + 5y \leqq 220$　⇒　$y \leqq -\dfrac{4}{5}x + 44$　…②

この2式のグラフを書くと下のようになる

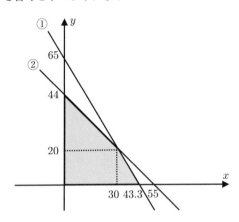

また，1日の出荷額を k とすると，

$$k = 12x + 10y \quad ⇒ \quad y = -\dfrac{6}{5}x + \dfrac{k}{10} \quad …③$$

となる．

①②の範囲内で③のグラフの切片が最大になるときを求める．③の傾きは①と②の傾きの間にあるので，①と②の交点のときに③の切片は最大になる．

①と②の交点は $(x, y) = (30, 20)$ より，これを $k = 12x + 10y$ に代入すると，

$$k = 12 \times 30 + 10 \times 20$$
$$= 560$$

となり，肢1が正解．

3.4 3

(1) 正午の気温が 25℃ 以上の時

　ザルソバ…100 食で 8 万円の利益だから，1 食で 800 円の利益

　カレーライス…100 食で 2 万円の赤字だから，1 食で 200 円の赤字

ザルソバを x(食),カレーライスを $100-x$(食)準備したとすると,利益(y_1)は

$$y_1 = 800x - 200(100-x) = 1000x - 20000$$

(2) 正午の気温が 25℃ 未満の時

ザルソバ…100 食で 1 万円の赤字だから,1 食で 100 円の赤字

カレーライス…100 食で 4 万円の利益だから,1 食で 400 円の利益

ザルソバを x(食),カレーライスを $100-x$(食)準備したとすると,利益(y_2)は

$$y_2 = -100x + 400(100-x) = -500x + 40000$$

ここまでを表でまとめると以下のようになる.

	ザルソバ	カレーライス	利益
(1) 正午の気温が 25℃ 以上の時	$+800$	-200	$y_1 = 1000x - 20000$ …①
(2) 正午の気温が 25℃ 未満の時	-100	$+400$	$y_2 = -500x + 40000$ …②
数(食)	x	$100-x$	

(1)(2) より,正午の気温が 25℃ 以上ならザルソバを多くカレーを少なく,25℃ 未満ならザルソバを少なくカレーを多く準備した方が利益は出る.

しかし,最低限約束される利益を最大にするのだから,この 2 つの直線の交わる点の分だけザルソバ・カレーを準備すれば良い.

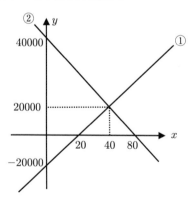

$$1000x - 20000 = -500x + 40000 \qquad x = 40$$

よって，ザルソバ 40 食，カレーライス 60 食となり，肢 3 が正解．

3.5　2

△ABC は 3 : 4 : 5 の直角三角形である．また △PBQ も ∠B が △ABC と共通，∠PQB = 90° より同様に 3 : 4 : 5 の直角三角形となる．△APS も △ABC と同位角が等しいので 3 : 4 : 5 の直角三角形となる．PQ の長さを $3x$ と置くと各長さは以下のようになる．

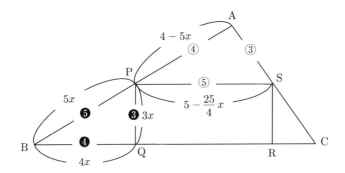

長方形 PQRS の面積を S と置くと

$$S = 3x\left(5 - \frac{25}{4}x\right)$$
$$= -\frac{75}{4}\left(x^2 - \frac{4}{5}x\right)$$
$$= -\frac{75}{4}\left\{\left(x - \frac{2}{5}\right)^2 - \frac{4}{25}\right\}$$

となり，$x = \frac{2}{5}$ のとき最大値となる．
PQ $= 3 \times \frac{2}{5} = \frac{6}{5}$ より，正解は肢 2 となる．

3.6　2

図のように各点を A〜C，P〜U とする．
ここで，△APR ∽ △AQT ∽ △ACB であることを利用して，PR, QT の長さを a, b, x を用いて表す．

AP : PR = AC : CB より，

$$PR = \frac{CB}{AC} \times AP$$
$$= \frac{b}{a} \times (a - 2x)$$

AQ : QT = AC : CB より，

$$QT = \frac{CB}{AC} \times AQ$$
$$= \frac{b}{a} \times (a - x)$$

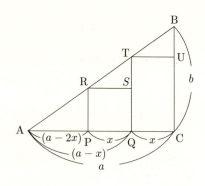

よって，2つの長方形の面積の和を S とすると，

$$S = \frac{b}{a} \times (a - 2x) \times x + \frac{b}{a} \times (a - x) \times x$$
$$= \frac{b}{a}(2a - 3x)x$$

ここで，

$$(2a - 3x)x$$
$$= -3x^2 + 2ax$$
$$= -3\left(x - \frac{a}{3}\right)2 + \frac{a^2}{3}$$

より，$x = \frac{a}{3}$ のとき，S は最大となる．
このとき，

$$S = \frac{b}{a} \times \left(2a - 3 \times \frac{a}{3}\right) \times \frac{a}{3}$$
$$= \frac{1}{3}ab$$

したがって，正解は肢 2 である．

3.7　5

具体的に書き並べて考える．

章末問題の解答　　*167*

$$
\begin{array}{ll}
 & 1 \text{ の位} \\
3 & \Rightarrow 3 \\
3^2 = 9 & \Rightarrow 9 \\
3^3 = 27 & \Rightarrow 7 \\
3^4 = 81 & \Rightarrow 1
\end{array}
$$

これより，3^4 の 1 の位は「1」なのでこれを何乗しても 1 の位は「1」になる．これを利用して指数法則を利用して書き換える．

$$3^{50} = (3^4)^{12} \times 3^2$$
$$\Rightarrow 1 \text{ の位「1」} \times 1 \text{ の位「9」}$$
$$\Rightarrow 1 \text{ の位「9」}$$

$$3^{20} = (3^4)^5$$
$$\Rightarrow 1 \text{ の位「1」}$$

$$3^{50} - 3^{20} \Rightarrow 1 \text{ の位「9」} - 1 \text{ の位「1」}$$
$$\Rightarrow 1 \text{ の位「8」}$$

となり，正解は肢 5 となる．

3.8　2

$$A = 16^{10} = (2^4)^{10} = 2^{40} = 2^{36} \times \underline{2^4}$$
$$B = 3 \times 8^{12} = 3 \times (2^3)^{12} = \underline{3} \times 2^{36}$$
$$C = 4^{17} \times 6^2 = (2^2)^{17} \times 2^2 \times 3^2 = 2^{36} \times \underline{3^2}$$

2^{36} は ABC に共通なので，その他の下線部のみを比較する．$B < C < A$ となるので正解は 2 となる．

4.1　1

$f(x) = -4x^3 + 8x^2 + x - 2$ とおくと

$f'(x) = -12x^2 + 16x + 1$ となる．$x = 1$ における接線なので，

168   章末問題の解答

$$f'(1) = -12 + 16 + 1$$
$$= 5$$

となり，正解は肢 1 となる．

4.2 3

$f(x) = x(2x-1)^2$ とおくと

$$f(x) = 4x^3 - 4x^2 + x$$
$$f'(x) = 12x^2 - 8x + 1$$

となる．

4.3 4

$y' = 9x^2 - 2ax - 3b$ となる．極大値，極小値のときは $y\prime = 0$ となる．
$x = -1$ のときは

$$9 + 2a - 3b = 0 \quad \cdots ①$$

$x = 3$ のときは

$$81 - 6a - 3b = 0 \quad \cdots ②$$

①②より $a = 9$，$b = 9$ となる．

4.4 3

$f'(x) = 3ax^2 + 2bx + c$ が，$x = -3, 2$ で極値をとるので，

$$f'(-3) = 27a - 6b + c = 0 \quad \cdots ①$$
$$f'(2) = 12a + 4b + c = 0 \quad \cdots ②$$

また $f'(0) = -36$ より，$c = -36$ である．これを①②に代入して，連立方程式を解くと $a = 2$，$b = 3$ となる．これより，$f(x) = 2x^3 + 3x^2 - 36x + 7$ となる．
　$x = -3$ のとき，$f(-3) = -54 + 27 + 108 + 7 = 88$　（極大値）
　$x = 2$ のとき，$f(2) = 16 + 12 - 72 + 7 = -37$　（極小値）
より，正解は肢 3 となる．

章末問題の解答　　*169*

4.5　4

$$f'(x) = 2xe^{-x} - x^2 e^{-x} = (2-x)xe^{-x}$$

$x = 0, 2$ のときに極値となる.

$x = 0$ のとき，$f(0) = 0$　（極小値）

$x = 2$ のとき，$f(2) = 4e^{-2}$　（極大値）

よって，正解は肢 4 となる.

4.6　1

$$S = \int_0^4 \{(x^3 + 5x + 1) - (2x - 3)\}dx$$
$$= \int_0^4 (x^3 + 3x + 4)dx$$

以上より，正解は肢 1 となる.

4.7　4

放物線と直線の交点は $x^2 = 3x$ より，$x = 0, 3$ となる.

$$S = \int_0^3 (3x - x^2)dx$$
$$= \left[\frac{3}{2}x^2 - \frac{1}{3}x^3\right]_0^3$$
$$= \frac{27}{2} - 9$$
$$= \frac{9}{2}$$

以上より，正解は肢 4 となる.

4.8　5

$$\int_{-2}^2 (-x^3 + x^2 - 4x)dx = \left[-\frac{1}{4}x^4 + \frac{1}{3}x^3 - 2x^2\right]_{-2}^2$$
$$= -4 + \frac{8}{3} - 8 - \left(-4 - \frac{8}{3} - 8\right)$$
$$= \frac{16}{3}$$

170   章末問題の解答

以上より，正解は肢5となる．

4.9 1

絶対値がついている積分は絶対値を外すことから考える．$x < 0$ のとき $e^x - 1 < 0$ であるから，

$$|e^x - 1| = -(e^x - 1) = 1 - e^x$$

となる．$x \geq 0$ のとき，$e^x - 1 \geq 0$ となる．したがって，求める積分は，

$$\int_{-1}^{1} |e^x - 1| dx = \int_{-1}^{0} (1 - e^x) dx + \int_{0}^{1} (e^x - 1) dx$$

となり，これを計算する．

$$\int_{-1}^{0} (1 - e^x) dx = [x - e^x]_{-1}^{0} = (0 - 1) - (-1 - e^{-1}) = \frac{1}{e}$$

$$\int_{0}^{1} (e^x - 1) dx = [e^x - x]_{0}^{1} = (e - 1) - (1 - 0) = e - 2$$

以上より，

$$\int_{-1}^{1} |e^x - 1| dx = \frac{1}{e} + e - 2$$

となり，正解は肢1となる．

5.1 5

$$\boldsymbol{AB} = \begin{pmatrix} 1 & 4 \\ 2 & 8 \end{pmatrix} \begin{pmatrix} a & b \\ 4 & -1 \end{pmatrix} = \begin{pmatrix} a + 16 & b - 4 \\ 2a + 32 & 2b - 8 \end{pmatrix}$$

$$\boldsymbol{BA} = \begin{pmatrix} a & b \\ 4 & -1 \end{pmatrix} \begin{pmatrix} 1 & 4 \\ 2 & 8 \end{pmatrix} = \begin{pmatrix} a + 2b & 4a + 8b \\ 4 - 2 & 16 - 8 \end{pmatrix}$$

第2行第1列より，

$$2a + 32 = 2$$

$$a = -15$$

第2行第2列より，

$$2b - 8 = 8$$
$$b = 8$$

以上より，正解は肢 5 となる．

5.2 2

$$\boldsymbol{A}^2 = \begin{pmatrix} 1 & 1 \\ a & -2 \end{pmatrix} \begin{pmatrix} 1 & 1 \\ a & -2 \end{pmatrix} = \begin{pmatrix} 1+a & 1-2 \\ a-2a & a+4 \end{pmatrix} = \begin{pmatrix} 1+a & -1 \\ a-2a & a+4 \end{pmatrix}$$

$$\boldsymbol{A}^4 = (\boldsymbol{A}^2)^2 = \begin{pmatrix} 1+a & -1 \\ a-2a & a+4 \end{pmatrix} \begin{pmatrix} 1+a & -1 \\ a-2a & a+4 \end{pmatrix}$$

$$= \begin{pmatrix} (1+a)^2 - (a-2a) & -(1+a)-(a+4) \\ (a-2a)(1+a)+(a+4)(a-2a) & -(a-2a)+(a+4)^2 \end{pmatrix}$$

これが，$\boldsymbol{A}$ と等しいので第 1 行第 2 列より，

$$-2a - 5 = 1$$
$$a = -3$$

となり，正解は肢 2 となる．

5.3 5

$$\boldsymbol{A}^2 = \begin{pmatrix} \dfrac{\sqrt{2}}{2} & -\dfrac{\sqrt{2}}{2} \\ \dfrac{\sqrt{2}}{2} & \dfrac{\sqrt{2}}{2} \end{pmatrix} \begin{pmatrix} \dfrac{\sqrt{2}}{2} & -\dfrac{\sqrt{2}}{2} \\ \dfrac{\sqrt{2}}{2} & \dfrac{\sqrt{2}}{2} \end{pmatrix} = \begin{pmatrix} 0 & -1 \\ 1 & 0 \end{pmatrix}$$

$$\boldsymbol{A}^4 = (\boldsymbol{A}^2)^2 = \begin{pmatrix} 0 & -1 \\ 1 & 0 \end{pmatrix} \begin{pmatrix} 0 & -1 \\ 1 & 0 \end{pmatrix} = \begin{pmatrix} -1 & 0 \\ 0 & -1 \end{pmatrix} = -\boldsymbol{E}$$

これより，$\boldsymbol{A}^4$ を利用して計算する．

$$\boldsymbol{A}^{2011} = (\boldsymbol{A}^4)^{502} \times \boldsymbol{A}^3 = (-\boldsymbol{E})^{502} \times \boldsymbol{A}^3 = \boldsymbol{A}^3$$

よって，

172　章末問題の解答

$$\boldsymbol{A}^{2011} = \begin{pmatrix} 0 & -1 \\ 1 & 0 \end{pmatrix} \begin{pmatrix} \dfrac{\sqrt{2}}{2} & -\dfrac{\sqrt{2}}{2} \\ \dfrac{\sqrt{2}}{2} & \dfrac{\sqrt{2}}{2} \end{pmatrix} = \begin{pmatrix} -\dfrac{\sqrt{2}}{2} & -\dfrac{\sqrt{2}}{2} \\ \dfrac{\sqrt{2}}{2} & -\dfrac{\sqrt{2}}{2} \end{pmatrix}$$

となり，正解は肢 5 となる．

$\boxed{5.4}$　3

$$\boldsymbol{A}^2 = \begin{pmatrix} 1 & 2 & 1 \\ 0 & 1 & 1 \\ 0 & 0 & 1 \end{pmatrix} \begin{pmatrix} 1 & 2 & 1 \\ 0 & 1 & 1 \\ 0 & 0 & 1 \end{pmatrix} = \begin{pmatrix} 1 & 4 & 4 \\ 0 & 1 & 2 \\ 0 & 0 & 1 \end{pmatrix}$$

$$\boldsymbol{A}^3 = \begin{pmatrix} 1 & 4 & 4 \\ 0 & 1 & 2 \\ 0 & 0 & 1 \end{pmatrix} \begin{pmatrix} 1 & 2 & 1 \\ 0 & 1 & 1 \\ 0 & 0 & 1 \end{pmatrix} = \begin{pmatrix} 1 & 6 & 9 \\ 0 & 1 & 3 \\ 0 & 0 & 1 \end{pmatrix}$$

これらより，

$\boldsymbol{A}^n = \begin{pmatrix} 1 & 2n & n^2 \\ 0 & 1 & n \\ 0 & 0 & 1 \end{pmatrix}$ と考えられる．よって，$\boldsymbol{A}^{100} = \begin{pmatrix} 1 & 200 & 10000 \\ 0 & 1 & 100 \\ 0 & 0 & 1 \end{pmatrix}$

となるので，正解は肢 3 となる．

$\boxed{5.5}$　2

f を表す行列を $\boldsymbol{A} = \begin{pmatrix} a & b \\ c & d \end{pmatrix}$ とする．点 $(1,0)$ が $(1,2)$ に移されるので，

$$\begin{pmatrix} a & b \\ c & d \end{pmatrix} \begin{pmatrix} 1 \\ 0 \end{pmatrix} = \begin{pmatrix} a \\ c \end{pmatrix} = \begin{pmatrix} 1 \\ 2 \end{pmatrix}$$

同様に，点 $(0,1)$ が $(2,-1)$ に移されるので，

$$\begin{pmatrix} a & b \\ c & d \end{pmatrix} \begin{pmatrix} 0 \\ 1 \end{pmatrix} = \begin{pmatrix} b \\ d \end{pmatrix} = \begin{pmatrix} 2 \\ -1 \end{pmatrix}$$

であり，$\boldsymbol{A} = \begin{pmatrix} 1 & 2 \\ 2 & -1 \end{pmatrix}$ と判断できる．f によって，点 $(-1,1)$ が移動する点は

$$\begin{pmatrix} 1 & 2 \\ 2 & -1 \end{pmatrix} \begin{pmatrix} -1 \\ 1 \end{pmatrix} = \begin{pmatrix} 1 \\ -3 \end{pmatrix}$$

となり，正解は肢 2 となる.

5.6 4

ベクトルの内積より，$\cos\theta = \dfrac{\vec{a} \cdot \vec{b}}{|\vec{a}||\vec{b}|}$ と表すことができる.

$$\vec{a} \cdot \vec{b} = 1$$
$$|\vec{a}| = |\vec{b}| = \sqrt{1^2 + 1^2} = \sqrt{2}$$

以上より，

$$\cos\theta = \frac{1}{2}$$

よって，$\theta = 60°$ となり，正解は肢 4 となる.

5.7 5

$$\overrightarrow{AB} = \overrightarrow{OB} - \overrightarrow{OA} = \begin{pmatrix} 3 \\ 2 \\ 2 \end{pmatrix} - \begin{pmatrix} 2 \\ 1 \\ 2 \end{pmatrix} = \begin{pmatrix} 1 \\ 1 \\ 0 \end{pmatrix}$$

$$\overrightarrow{AC} = \overrightarrow{OC} - \overrightarrow{OA} = \begin{pmatrix} 1 \\ -1 \\ 3 \end{pmatrix} - \begin{pmatrix} 2 \\ 1 \\ 2 \end{pmatrix} = \begin{pmatrix} -1 \\ -2 \\ 1 \end{pmatrix}$$

となる. ベクトルの内積より，

$$\cos\theta = \frac{\overrightarrow{AB} \cdot \overrightarrow{AC}}{|\overrightarrow{AB}||\overrightarrow{AC}|} \frac{1 \cdot (-1) + 1 \cdot (-2) + 0 \cdot 1}{\sqrt{1^2 + 1^2}\sqrt{(-1)^2 + (-2)^2 + 1^2}} = \frac{-3}{2\sqrt{3}} = -\frac{\sqrt{3}}{2}$$

よって，$\theta = 150°$ となり，正解は肢 5 となる.

索　引

▌欧文

Cayley-Hamilton の定理, 132
Cramer の公式, 126

Gauss の消去法, 125

Sarrus の方法, 121

▌あ行

1 次関数, 42
1 次関数のグラフ, 43
1 次独立, 117
一般項, 19
移動, 44
因数分解, 4, 5

上に凸, 47

▌か行

解, 4
階差数列, 18, 34
階数, 117
回転, 44

回転体, 96
解と係数の関係, 7
解の公式, 4, 5
傾き, 43
下端, 90
加法定理の公式, 64
関数, 41

奇関数, 94
規則性, 17
基本変形, 117
逆関数, 46
逆関数の導関数, 79
逆関数の求め方, 46
逆行列, 117
級数, 17
行ベクトル, 110
共役, 2
行列, 111
行列式, 118, 120
極限, 29
極限値, 29, 73, 75
極小, 84

極小値, 84
極大, 84
極大値, 84
極値, 84
虚数単位, 2

偶関数, 94

係数, 3
ケインジアンの交差図, 31
限界消費性向, 31
原始関数, 87

項, 18
広義の積分, 97
公差, 19
項数, 18
合成関数, 46, 78
合成関数の導関数, 79
公比, 21
固有多項式, 128
固有値, 129
固有ベクトル, 129
固有方程式, 129

■ さ行
最小値, 48
最大値, 48
三角関数, 62
三角関数の合成公式, 66

軸, 47
指数, 57
次数, 3

指数関数, 59
指数関数のグラフ, 59
指数法則, 57
自然数, 1
自然数の 2 乗の和, 27
自然数の 3 乗の和, 27
自然数の和, 27
四則演算, 1
下に凸, 47
実数, 2
重解, 6
収束, 29
収束する, 73
従属変数, 41
循環小数, 2
上端, 90
初項, 18
真数, 60
振動, 30

数列, 17

正割, 62
正割関数, 63
正弦, 62
正弦関数, 63
整式, 3
整数, 1
正接, 62
正接関数, 63
正則行列, 117
政府購入乗数, 32
正方行列, 111
積分する, 88

索　引　*177*

積分定数, 87
積を和差に変換する公式, 65
接線, 83
切片, 43
ゼロベクトル, 106
漸近線, 53

双曲線, 51
租税乗数, 34

■ た行
第 1 階差数列, 34
第 2 階差数列, 35
第 n 次導関数, 82
対数, 60
対数関数, 61
対数関数のグラフ, 61
対数の基本性質, 60
対数微分法, 81
多項式, 3
多変数関数, 66
多変数の関数, 97
単位行列, 116
単位ベクトル, 105
単項式, 3

値域, 42
置換積分法, 89
頂点, 47, 54
直線, 42

通常預金, 24
積立預金, 17

底, 60, 61
定義域, 41
定積分, 90
転置行列, 111

導関数, 76
等差数列, 18
等比数列, 18
等比数列の和, 23
独立変数, 41

■ な行
内積, 108

2 次関数, 47
2 次関数のグラフ, 48
2 次方程式, 49
2 倍角・半角の公式, 64
2 変数関数, 66

■ は行
発散, 29
判別式, 6, 50

左側極限値, 74
微分可能, 76
微分係数, 76
微分する, 76

複素数, 2
不定積分, 87
部分積分法, 90
部分和, 27
分数関数, 51

分数関数のグラフ, 53
分数式, 4
分数式の和, 27

平均変化率, 75
ベクトル, 105
変数, 4
偏導関数, 99
偏微分, 98
偏微分係数, 98

法線, 83
放物線, 47

■ ま行
末項, 18

右側極限値, 74

無限級数, 17, 26
無限級数の和, 27
無限数列, 26
無限大, 52
無限等比級数の和, 29
無限等比数列, 28
無理関数, 54

無理関数のグラフ, 56
無理数, 2

■ や行
有限小数, 2
有理式, 4
有理数, 1

余因子, 120
余因子行列, 123
余因子展開, 120
余割, 62
余割関数, 63
余弦, 62
余弦関数, 63
余接, 62
余接関数, 63

■ ら行
累乗, 57

列ベクトル, 110

■ わ行
和差を積に変換する公式, 65

memo

memo

memo

［著者紹介］

塩出省吾（しおで しょうご）

略歴　1977 年 大阪大学工学部 卒業

1982 年 同大学院工学研究科博士後期課程単位取得退学，工学博士
大阪大学大学院工学研究科 助教授などを経て，

現在　神戸学院大学経営学部 教授

専門　オペレーションズ・リサーチ，数理計画

著書　『経営系学生のための基礎統計学』（共著，共立出版），『確率統計の数理』（共著，裳華房）など

上野信行（うえの のぶゆき）

略歴　1972 年 大阪大学工学部 卒業

1974 年 同大学院工学研究科修士課程修了
大手鉄鋼メーカー勤務，県立広島大学経営情報学部 教授を経て，

現在　広島経済大学大学院経済学研究科兼ビジネス情報学科 教授，博士（工学）

専門　経営科学，経営情報論，生産管理論

著書　『内示情報と生産計画―持続可能社会における先行需要情報の活用―』（朝倉書店）など

柴田淳子（しばた じゅんこ）

略歴　2000 年 広島県立大学経営学部経営情報学科 卒業

2005 年 広島大学大学院工学研究科博士後期課程修了，博士（工学）

現在　神戸学院大学経済学部 准教授

専門　データ・マイニング，マルチエージェントシステム

著書　『経営・経済を学ぶ学生のための基礎数学』（共著，共立出版）など

中村光宏（なかむら みつひろ）

略歴　1999 年 近畿大学法学部 卒業

2001 年 近畿大学大学院法学研究科法律学専攻博士前期課程 修了
株式会社 LEC 東京リーガルマインド，神戸学院大学法学部 准教授を経て，

現在　神戸学院大学共通教育センター 准教授

著書　『プライマリー法学憲法 初版』（共著，不磨書房）など

社会科学系学生のための
基礎数学

Fundamental Mathematics for
Social Science Students

2017 年 2 月 25 日　初版 1 刷発行
2023 年 2 月 25 日　初版 6 刷発行

検印廃止
NDC 410

ISBN 978-4-320-11133-2

著　者　塩出省吾・上野信行
　　　　柴田淳子・中村光宏　　Ⓒ 2017

発行者　南條光章

発行所　**共立出版株式会社**

〒112-0006
東京都文京区小日向 4-6-19
電話番号　03-3947-2511（代表）
振替口座　00110-2-57035

共立出版ホームページ
www.kyoritsu-pub.co.jp

印　刷　大日本法令印刷

製　本　ブロケード

　一般社団法人
　　自然科学書協会
　　会員

Printed in Japan

JCOPY ＜出版者著作権管理機構委託出版物＞
本書の無断複製は著作権法上での例外を除き禁じられています．複製される場合は，そのつど事前に，
出版者著作権管理機構（TEL：03-5244-5088，FAX：03-5244-5089，e-mail：info@jcopy.or.jp）の
許諾を得てください．

◆ 色彩効果の図解と本文の簡潔な解説により数学の諸概念を一目瞭然化！

ドイツ Deutscher Taschenbuch Verlag 社の『dtv-Atlas事典シリーズ』は，見開き2ページで1つのテーマが完結するように構成されている。右ページに本文の簡潔で分り易い解説を記載し，かつ左ページにそのテーマの中心的な話題を図像化して表現し，本文と図解の相乗効果で理解をより深められるように工夫されている。これは，他の類書には見られない『dtv-Atlas事典シリーズ』に共通する最大の特徴と言える。本書は，このシリーズの『dtv-Atlas Mathematik』と『dtv-Atlas Schulmathematik』の日本語翻訳版。

カラー図解 数学事典

Fritz Reinhardt・Heinrich Soeder [著]
Gerd Falk [図作]
浪川幸彦・成木勇夫・長岡昇勇・林　芳樹 [訳]

数学の最も重要な分野の諸概念を網羅的に収録し，その概観を分り易く提供。数学を理解するためには，繰り返し熟考し，計算し，図を書く必要があるが，本書のカラー図解ページはその助けとなる。

【主要目次】 まえがき／記号の索引／序章／数理論理学／集合論／関係と構造／数系の構成／代数学／数論／幾何学／解析幾何学／位相空間論／代数的位相幾何学／グラフ理論／実解析学の基礎／微分法／積分法／関数解析学／微分方程式論／微分幾何学／複素関数論／組合せ論／確率論と統計学／線形計画法／参考文献／索引／著者紹介／訳者あとがき／訳者紹介

■菊判・ソフト上製本・508頁・定価6,050円(税込)■

カラー図解 学校数学事典

Fritz Reinhardt [著]
Carsten Reinhardt・Ingo Reinhardt [図作]
長岡昇勇・長岡由美子 [訳]

『カラー図解 数学事典』の姉妹編として，日本の中学・高校・大学初年級に相当するドイツ・ギムナジウム第5学年から13学年で学ぶ学校数学の基礎概念を1冊に編纂。定義は青で印刷し，定理や重要な結果は緑色で網掛けし，幾何学では彩色がより効果を上げている。

【主要目次】 まえがき／記号一覧／図表頁凡例／短縮形一覧／学校数学の単元分野／集合論の表現／数集合／方程式と不等式／対応と関数／極限値概念／微分計算と積分計算／平面幾何学／空間幾何学／解析幾何学とベクトル計算／推測統計学／論理学／公式集／参考文献／索引／著者紹介／訳者あとがき／訳者紹介

■菊判・ソフト上製本・296頁・定価4,400円(税込)■

www.kyoritsu-pub.co.jp　　共立出版　　(価格は変更される場合がございます)